Tous nos ouvrages sont disponibles aux

Éditions Decoopman
Ferrières
30440 Saint-Laurent-le-Minier
web : www.decoopman.com
e.mail : livres@decoopman.com

Olivier Lacaux
Jean Castanier

I.S.B.N. 978-2-36965-193-2
Dépôt légal : 2e trimestre 2026

TRANSMISSION DE LA PUISSANCE

Gardner D. HISCOX

MOUVEMENTS MÉCANIQUES

1905

Gardner Dexter HISCOX

(1822–1908)

G. D. Hiscox était un auteur, éditeur et vulgarisateur technique américain, reconnu pour ses travaux dans les domaines de la mécanique, de l'ingénierie pratique et des arts industriels. Installé à New York, il dirigeait une maison d'édition spécialisée dans la publication d'ouvrages techniques et scientifiques.

Avant tout compilateur et pédagogue, Hiscox s'est distingué par sa capacité à rassembler, organiser et rendre accessibles des connaissances techniques complexes. Ses ouvrages ont longtemps fait figure de références incontournables pour les mécaniciens, inventeurs et artisans, et continuent aujourd'hui d'être consultés par les amateurs de mécanique ancienne et d'ingénierie historique.

À la fin du XIXe siècle, ses livres rencontrèrent un immense succès, notamment parce qu'ils réunissaient des centaines de schémas, mécanismes et explications pratiques, à une période où l'industrialisation américaine connaissait un essor rapide.

Par son travail éditorial, Hiscox a largement contribué à la diffusion du savoir technique auprès des praticiens, à une époque où la formation d'ingénieur était encore peu structurée aux États-Unis.

Hiscox est principalement connu pour plusieurs ouvrages techniques majeurs, destinés aux ingénieurs, mécaniciens et artisans, parmi lesquels figurent notamment :

1800 Mechanical Movements, Devices and Appliances

Cet ouvrage emblématique constitue une véritable encyclopédie des mouvements mécaniques. Il rassemble plus de 1 800 illustrations (gravures, dessins, coupes) présentant des dispositifs et mécanismes utilisés dans la machine-outil, les systèmes hydrauliques et pneumatiques, la production d'énergie, les engrenages, l'horlogerie, et bien d'autres domaines. Longtemps considéré comme un ouvrage de référence, il illustre de manière remarquable la transformation de mouvements simples en mécanismes complexes.

Mechanical Appliances, Mechanical Movements and Novelties of Construction

Ce livre s'inscrit dans la même démarche encyclopédique, avec un accent particulier sur les applications concrètes des mouvements mécaniques dans les machines et les dispositifs industriels.

Henley's Formulas / Fortunes in Formulas for Home, Farm and Workshop

Cette publication rassemble une vaste collection de formules, recettes, procédés pratiques et astuces destinés aux usages domestiques, agricoles et artisanaux. On y trouve des formules scientifiques appliquées (calculs, proportions, solutions, mélanges) ainsi que des techniques de fabrication utiles aussi bien à l'amateur éclairé qu'au professionnel.

Gas, Gasoline and Oil Engines

Cet ouvrage est consacré aux moteurs à gaz, à essence et à pétrole. Il aborde de manière détaillée la théorie, la conception, la construction et l'exploitation pratique des moteurs à combustion interne, s'adressant principalement aux ingénieurs et mécaniciens du début du XXe siècle.

De manière générale, les ouvrages de Hiscox ont été conçus pour faciliter la compréhension des mécanismes, des appareils et des procédés pratiques liés à l'ingénierie et à la technologie.

Grâce à une iconographie exceptionnellement riche, ils ont rencontré un large public, aussi bien parmi les techniciens que parmi les lecteurs non spécialisés. La place centrale accordée à l'image permettait en effet à chacun d'aborder, sans formation préalable, un univers technique parfois complexe.

Cet ouvrage consacré à la transmission de la puissance est la réunion de *1800 Mechanical Movements, Devices and Appliances* (1905) et de *Mechanical Appliances, Mechanical Movements and Novelties of Construction* (1927), traduits en français pour la première fois.

Transmission de la Puissance

Fondement de la mécanique moderne

Depuis l'aube de la révolution industrielle, la capacité à transmettre, transformer et contrôler l'énergie mécanique a constitué l'un des défis majeurs de l'ingénierie. Sans ces mécanismes, les machines qui ont façonné le monde moderne — des métiers à tisser aux moteurs à vapeur, en passant par les premières automobiles — n'auraient pu exister.

C'est à cette problématique centrale que s'attache la section « *Transmission of Power* » de *Mechanical Movements,* l'ouvrage de référence de Gardner D. Hiscox.

À travers une iconographie exceptionnelle — gravures, schémas et plans techniques — Hiscox y décompose les principes et les dispositifs qui permettent de transférer une force d'un point à un autre, d'en modifier l'intensité, la direction ou la nature. Engrenages, poulies, courroies, systèmes à friction, chaînes cinématiques ou encore mécanismes à came : chaque solution est analysée avec une précision rigoureuse, révélant comment l'ingéniosité humaine a su dompter les lois de la physique pour répondre aux besoins croissants de l'industrie.

Mais au-delà de leur dimension technique, ces mécanismes incarnent une philosophie de l'efficacité et de l'économie des moyens. Hiscox ne se contente pas de décrire ; il explique pourquoi un système est préféré à un autre selon les contraintes de puissance, de vitesse ou d'espace. Ses explications, claires et accessibles, s'adressent aussi bien à l'ingénieur qu'à l'amateur éclairé, faisant de cet ouvrage un pont entre la théorie et la pratique.

Pour cette réédition, nous avons donné la priorité à l'image : chaque gravure a été isolée, agrandie et restaurée avec soin, afin de révéler toute la finesse du trait et la précision des dessins techniques. Les lettrages et numérotations, parfois illisibles dans les versions d'origine, ont été entièrement retravaillés pour une clarté optimale. Le résultat ? Une expérience visuelle immersive, où chaque mécanisme s'offre au lecteur dans ses moindres détails, accompagné des explications originales de Hiscox — ici traduites pour la première fois en français.

En plaçant l'iconographie au cœur de la démarche, cette réédition permet de redécouvrir ces chefs-d'œuvre de l'ingénierie sous un jour nouveau, où l'image et le texte se complètent pour éclairer les principes fondamentaux de la mécanique.

Que vous soyez ingénieur, historien des techniques ou simplement passionné de belles illustrations industrielles, cette section vous invite à explorer l'art invisible de la transmission des puissances, où chaque gravure devient une fenêtre ouverte sur le génie mécanique du XIXe siècle.

Éditions Decoopman

Préface

Le besoin d'un ouvrage illustré et condensé servant de référence pour l'inventeur, l'étudiant en mécanique, l'artisan et l'ouvrier animé d'un esprit curieux est devenu non seulement évident pour les enseignants en mécanique, mais aussi un véritable besoin pour tous ceux qui s'intéressent à la pensée et au travail mécaniques.

Cet intérêt a été fortement encouragé par le développement rapide des arts mécaniques et de l'invention au cours du dernier demi-siècle.

L'augmentation des demandes de la part des inventeurs et des mécaniciens concernant les principes et les faits relatifs à la mécanique constructive et opérationnelle a poussé l'auteur à rassembler les illustrations disponibles sur le sujet des mouvements mécaniques, dispositifs et appareils, et à les présenter sous une forme pratique de consultation, avec juste assez de texte pour expliquer les principes généraux de construction et de fonctionnement. Ce travail constitue également un aperçu partiel des formes mécaniques d'usage courant, avec l'objectif de mettre le plus grand nombre possible d'informations illustrées à la portée des moyens limités du plus humble chercheur de connaissances mécaniques.

Le domaine de la mécanique illustrée semble presque illimité, et avec cet effort, l'auteur a tenté de combler partiellement un vide, afin d'aider celui qui s'interroge sur la mécanique, qu'elle soit idéale ou pratique, dans la véritable voie de la recherche.

Les détails mécaniques peuvent être représentés de manière bien plus efficace par des schémas ou des formes illustrées, et cela est généralement reconnu comme étant la méthode la plus rapide et la plus satisfaisante pour transmettre avec précision les conditions d'action et de construction mécaniques. Les images transmettent à l'esprit curieux, par une comparaison instantanée, ce que la description détaillée, avec sa présentation successive d'idées et de faits relationnels, ne parvient pas à faire ; d'où l'intérêt d'un ouvrage qui s'adresse directement à l'œil, avec des illustrations accompagnées de brèves descriptions. On espère qu'il constituera un moyen d'éducation mécanique acceptable, répondant aux besoins modernes et encourageant la pensée inventive, à travers l'étude d'illustrations et de descriptions des principaux principes et faits connus dans l'art de la construction.

La conception des détails de mouvements mécaniques, de dispositifs et d'appareils destinés à des usages spécifiques est un thème inépuisable pour l'esprit constructeur. Et si l'on peut juger par le nombre immense de demandes de brevets — plus d'un million rien qu'aux États-Unis, dont plus de six cent mille ont été accordés pour leur nouveauté et leur utilité —, le flot de la pensée mécanique semble être devenu un vaste fleuve dans le progrès de la civilisation moderne.

Présenter en détail illustré toutes les formes et éléments de construction connus dépasse les limites d'une vie humaine ; mais explorer les frontières du design inventif à travers les œuvres qui sont passées à la postérité a été le principal objectif de l'auteur de cet ouvrage.

Gardner D. HISCOX

Préface

à la quatorzième édition

Le succès des éditions précédentes de cet ouvrage justifie la parution de cette édition enrichie et améliorée. Plus de cent soixante mouvements et dispositifs mécaniques actuels ont été ajoutés, dont de nombreux mouvements en ligne droite, ce qui en fait un ouvrage de référence des plus utiles pour ceux qui s'adonnent aux études et aux activités mécaniques — notamment les inventeurs et les concepteurs de machines —, en somme, pour tous ceux qui s'intéressent à la mécanique et à ses dispositifs.

Mechanical Movements
Powers, Devices and Appliances

Comprising Illustrated description of Mechanical Movements and Devices used in Constructive and Operative Machinery and the Mechanical Arts, being practically a Mechanical Dictionary, Commencing with a rudimentary description of the early known Mechanical Powers and detailing the various Motions, Appliances and Inventions used in the Mechanical Arts to the present time

BY

GARDNER D. HISCOX, M.E.

AUTHOR OF

"GAS, GASOLINE AND OIL ENGINES," "COMPRESSED AIR," ETC.

ILLUSTRATED BY EIGHTEEN HUNDRED ENGRAVINGS
Specially made for this Book.

TENTH EDITION, REVISED AND ENLARGED

LONDON

ARCHIBALD CONSTABLE & CO, LTD

1905

Corde, Courroies, Engrenages à friction, Engrenages droits, Engrenages coniques et Engrenages à vis.

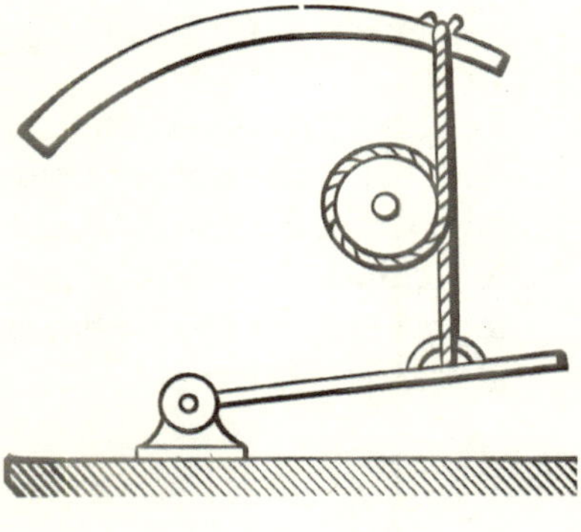

49. Mouvement circulaire alternatif
à partir du mouvement curviligne d'une pédale. Le mécanisme ancien du tour.

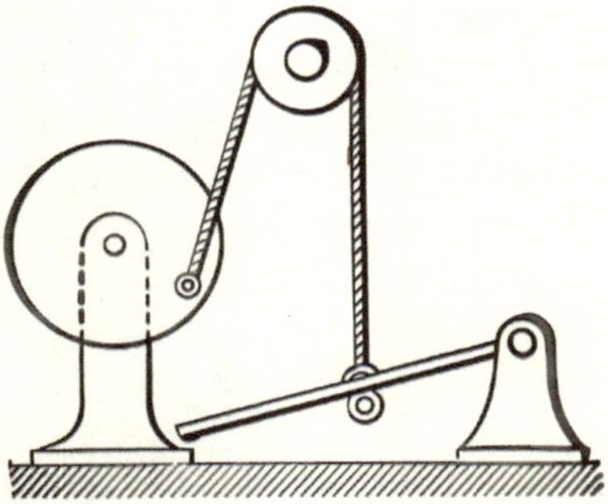

50. Mouvement circulaire
à partir du mouvement curviligne d'une pédale, transmis par une corde et une poulie.

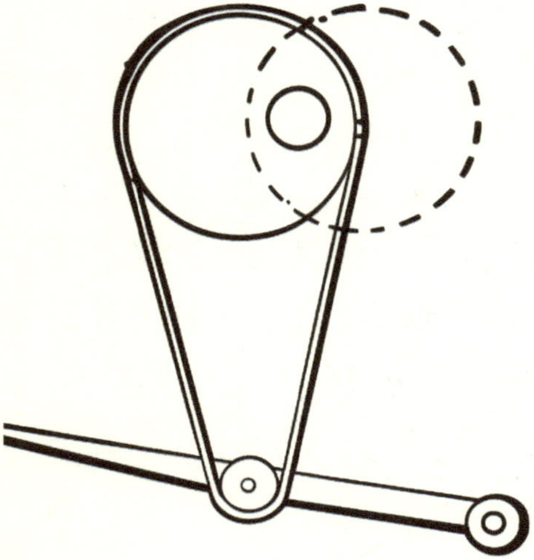

51. Manivelle excentrique et pédale

Une courroie passe sur l'excentrique, tandis qu'un galet est intégré à la pédale. L'équivalent d'une manivelle classique.

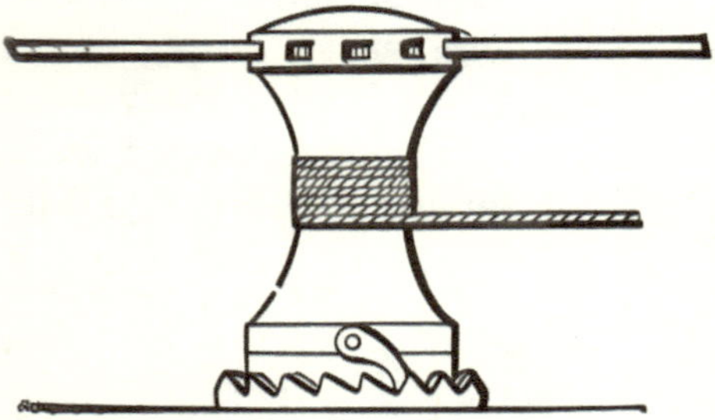

52. Cabestan ou treuil vertical

Le cliquet, en s'enclenchant dans la crémaillère circulaire située à la base, bloque le treuil. La corde doit toujours s'enrouler par le bas et glisser vers le haut.

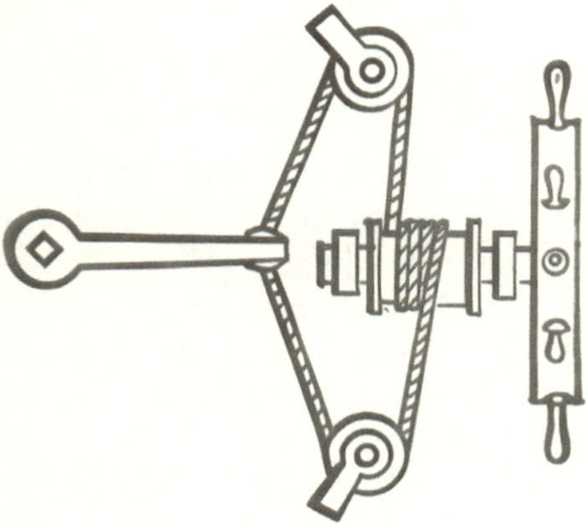

53. Mécanisme de direction

Un volant à main et un tambour montés sur un arbre actionnent une corde guidée par des poulies et fixée au safran.

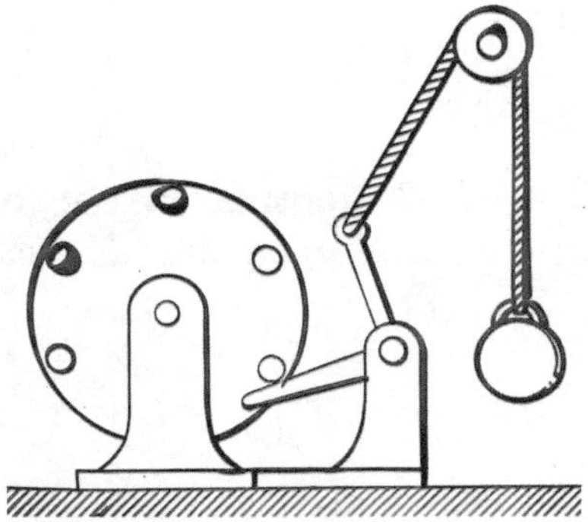

54. Mouvement par à-coups
communiqué à un poids ou à un autre corps au moyen d'une roue à ergots et d'un levier coudé.

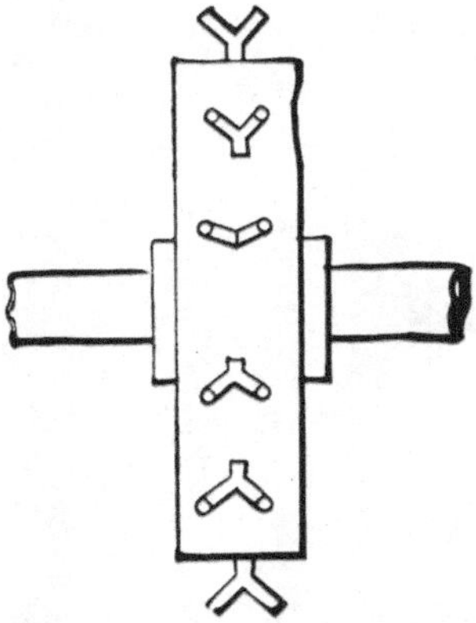

55. Roue à chaînette pour corde
dont plusieurs variantes étaient utilisées dans les anciens treuils.

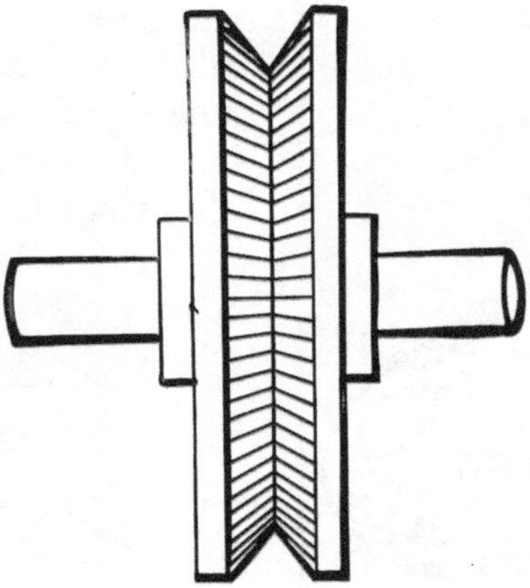

56. Poulie à gorge en F
dotée de rainures striées pour améliorer l'adhérence de la corde.

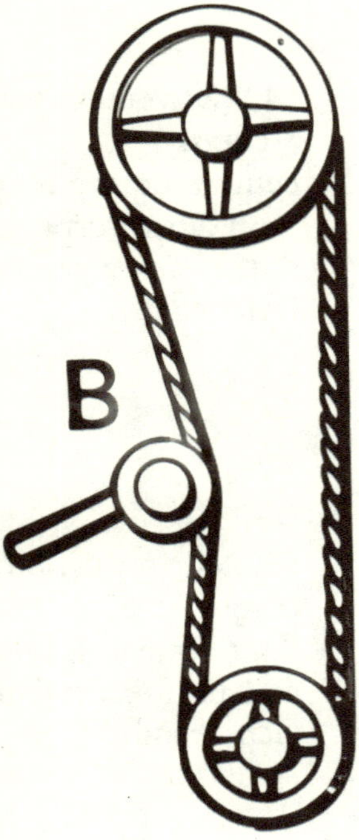

57. Transmission par corde avec une poulie de tension, B.

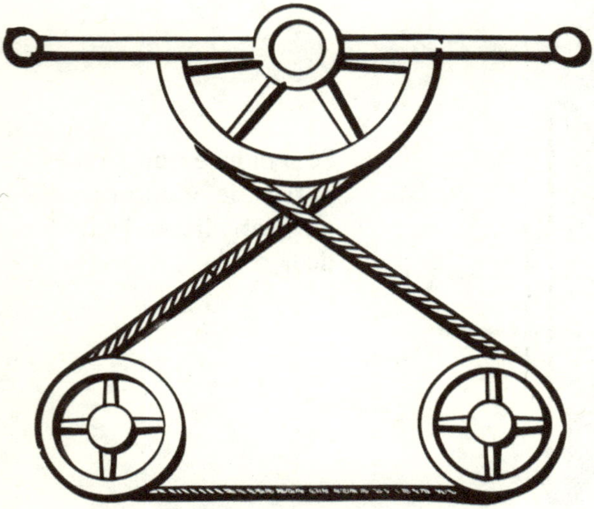

58. Mouvement vibratoire transmis à deux arbres par le balancement d'un bras de levier et d'un secteur.

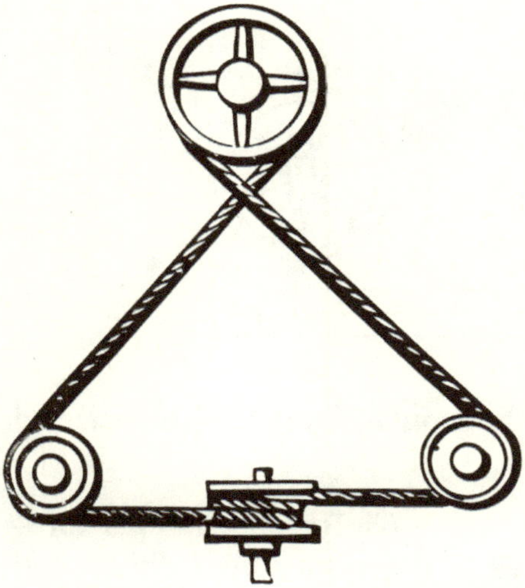

59. Transmission par corde
vers un arbre disposé à angle droit par rapport à l'arbre moteur. Les poulies de guidage dirigent la corde sur la surface courbe de la poulie réceptrice, la corde glissant progressivement vers le centre de cette dernière.

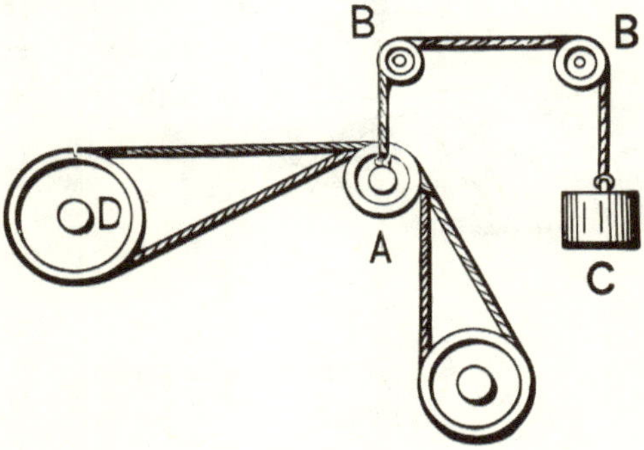

60. Transmission par corde
pour une perceuse portative ou une scie pendulaire.
D : Poulie motrice.
A : Double poulie folle montée sur un cadre, suspendue par un poids C relié par une corde passant sur les poulies B, B.
C : Contrepoids.

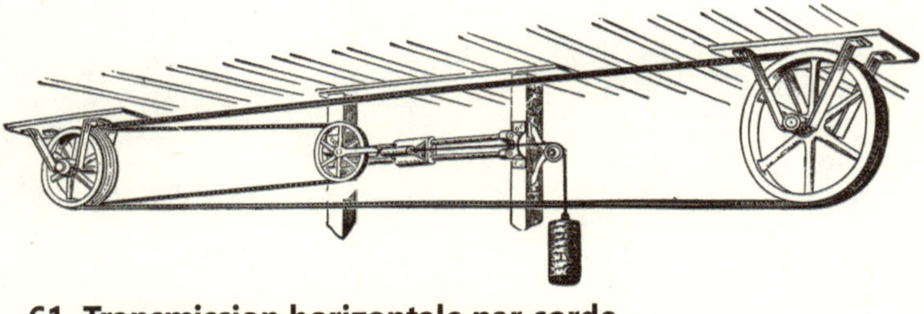

61. Transmission horizontale par corde,
dotée d'un dispositif de tension à glissière et contrepoids.

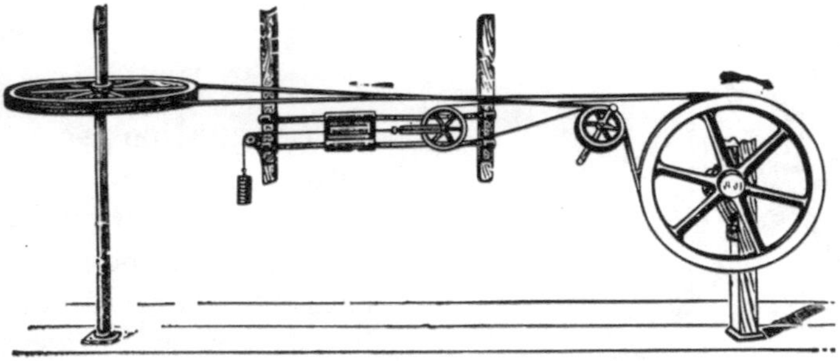

62. Transmission par corde
d'un arbre vertical vers un arbre horizontal, équipée d'un système de tension à glissière et contrepoids.

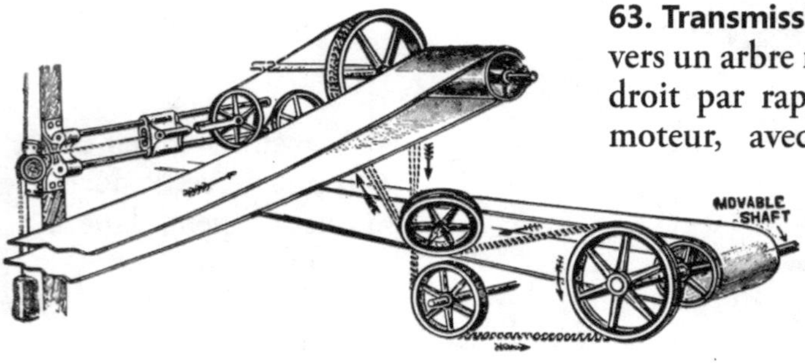

63. Transmission par corde
vers un arbre mobile à angle droit par rapport à l'arbre moteur, avec glissière de tension et contrepoids.

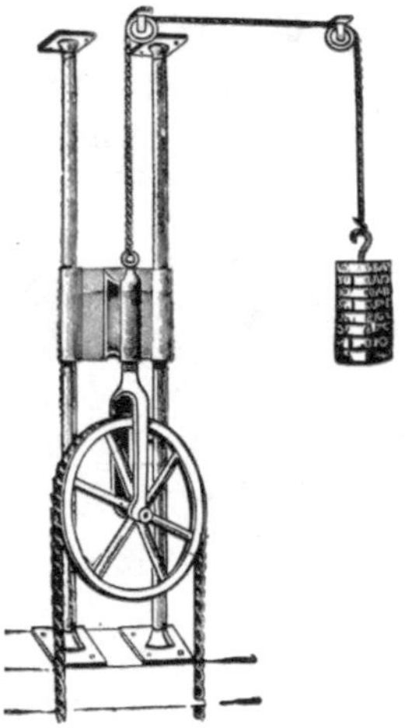

64. Chariot de tension verticale,
avec glissières et guide de poulie.

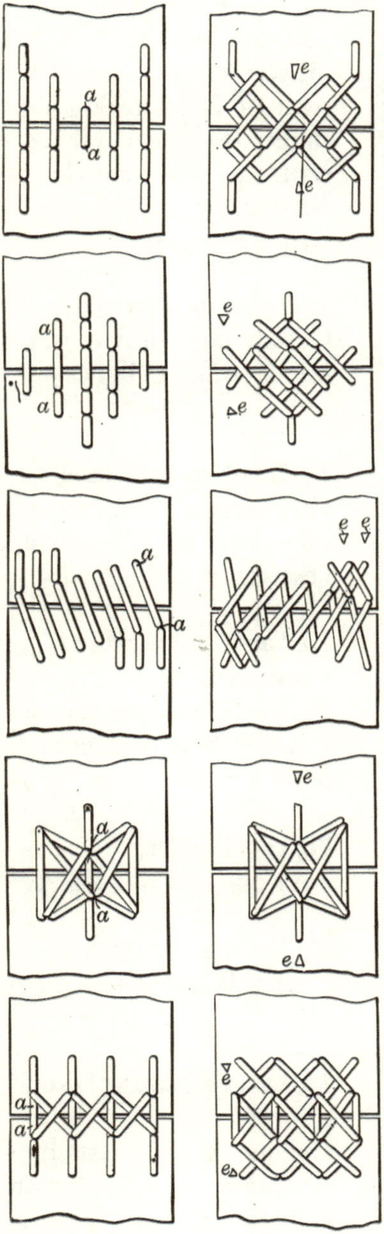

65-66. Lacet de courroie.
Le laçage droit 65 doit être placé côté poulie, tandis que 66 représente l'extérieur de la courroie. Le lacet doit être tiré vers l'intérieur en *a, a*, jusqu'au centre ; lacet de chaque côté vers l'extérieur et retour, se terminant en *e, e*, 66, sur l'extérieur de la courroie.

67-68. Lacet de courroie.
Dans ce style, le côté droit doit être placé côté poulie, en tirant le lacet d'un côté en *a, a* vers son centre, puis en laçant en travers et en revenant, se terminant en *e, e* sur l'extérieur de 68.

69-70. Lacet de courroie innovant
pour courroies à quart de tour. Tirer le laçage vers son centre en a, *a* sur l'intérieur de la courroie, en croisant sur l'extérieur de 70, et se terminant en *e, e*, 70.

71-72. Lacet de courroie,
pour courroies étroites. Tirer le lacet en *a, a* vers son centre ; laçage de chaque côté et retour vers le centre, se terminant sur l'extérieur de la courroie en *e, e*, 72.

73-74. Lacet de courroie,
pour courroies de largeur moyenne. Commencer en *a, a* sur l'intérieur de la courroie 73, en tirant le laçage vers son centre ; passer chaque extrémité une fois en travers, se terminant sur l'extérieur de la courroie 74 en *e, e*.

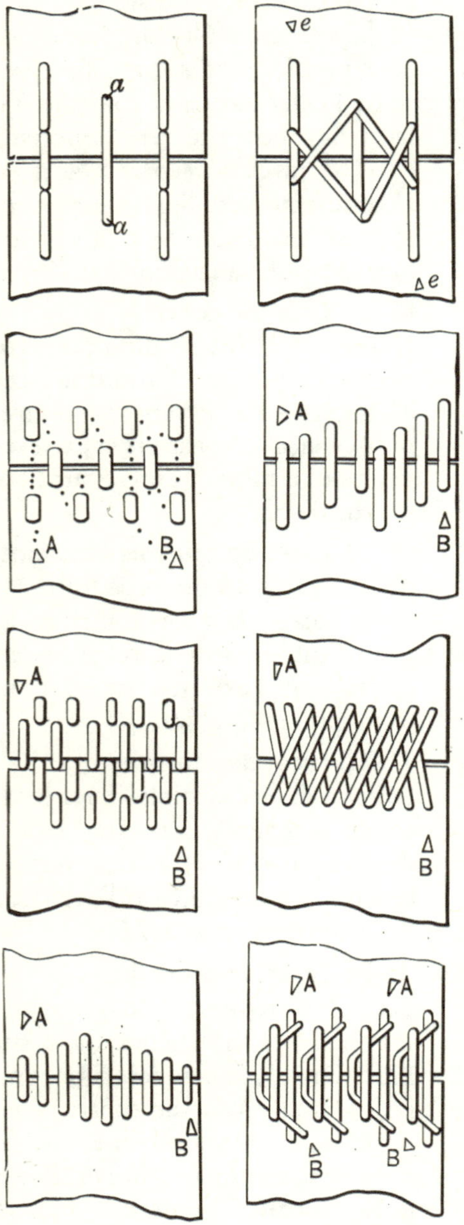

75-76. Lacet de courroie,
pour courroie étroite. Commencer en *a*, *a* sur l'intérieur de la courroie 75, en tirant le laçage vers son centre ; faire passer les extrémités de chaque côté, se terminant en *e*, *e*, 76.

77. Lacet de courroie
Commencer en A et se terminer en B. Les lignes pointillées à l'extérieur.

78. Lacet en croisillon
Commencer en A et se terminer en B. Diagonale à l'extérieur.

79. Lacet de courroie à embrèvement,
de A à B, en traversant une fois. Un bon style pour les petites poulies.

80. Lacet croisé,
pour une courroie légère.

81. Lacet en croisillon,
de A à B, diagonale à l'extérieur.

82. Lacet de courroie sectionnel
Chaque section est indépendante, comme illustré, en utilisant quatre laçages.

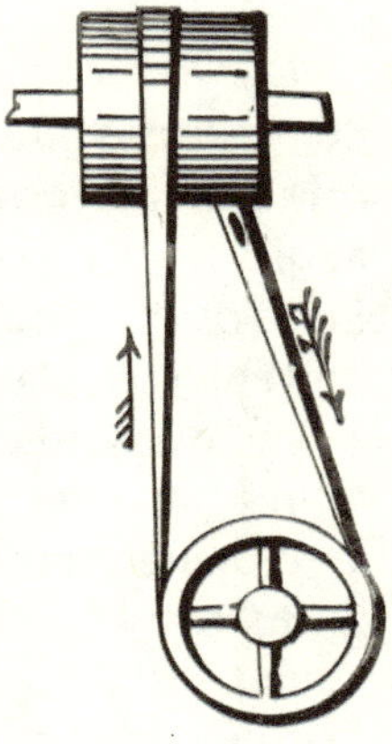

83. Courroie à quart de tour
Les flèches indiquent le sens de déplacement de la courroie.

84. Courroie à torsion complète,
ou courroie croisée.

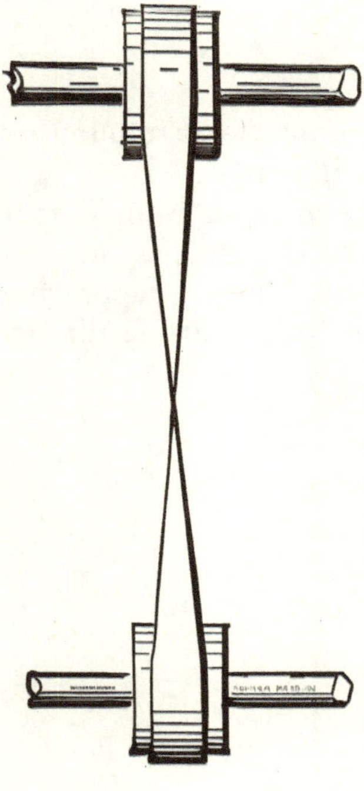

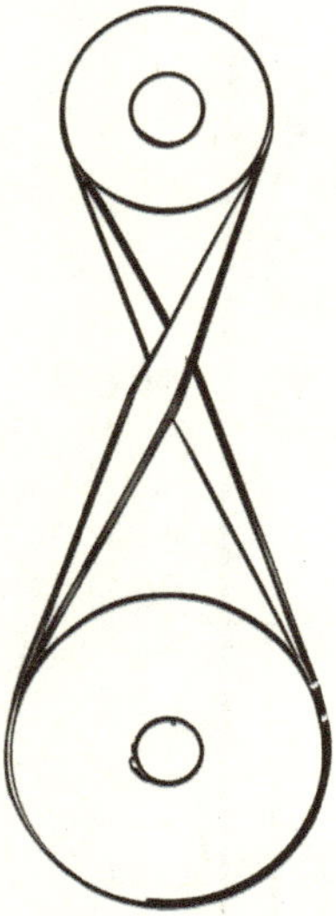

85. Courroie à torsion complète ou croisée,
pour un mouvement inverse sur l'arbre entraîné.

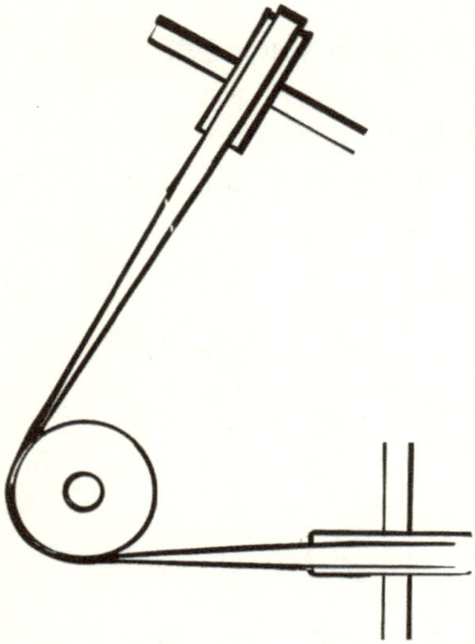

86. Transmission par courroie à un arbre sous tout angle.

Les deux poulies folles doivent être placées sur un arbre perpendiculaire aux arbres menant et mené, avec leurs périphéries alignées sur la ligne centrale reliant les centres des poulies menante et menée.

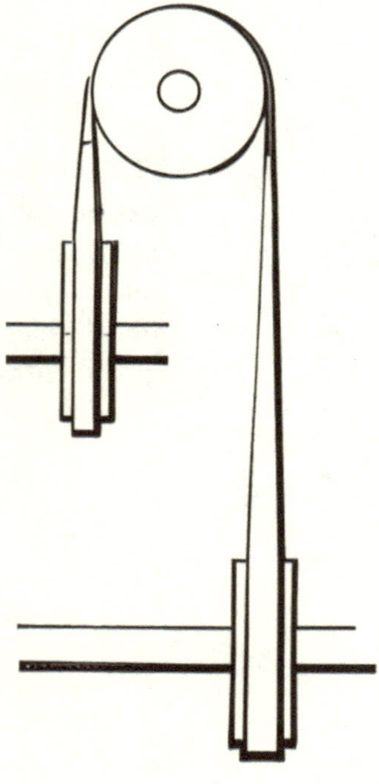

87. Courroie de retour à quart de tour.

Une méthode utilisée pour relier des poulies sur des arbres trop rapprochés pour une courroie directe.

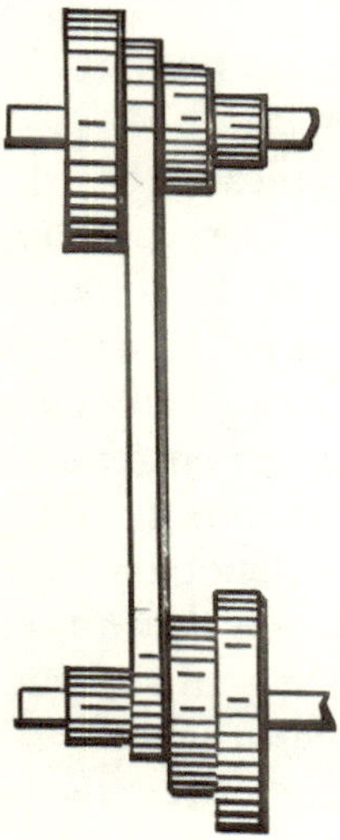

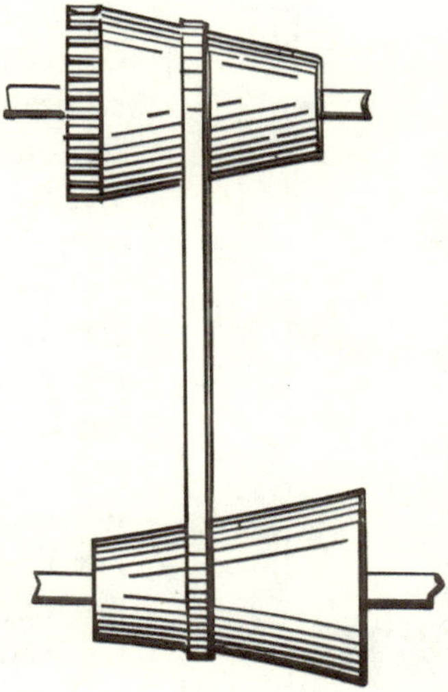

88. Poulies étagées pour changement de vitesse.
Les vitesses sont proportionnelles aux diamètres relatifs des poulies menante et menée.

89. Poulies côniques.
Les poulies côniques permettent un changement de vitesse précis et continu en déplaçant la courroie.

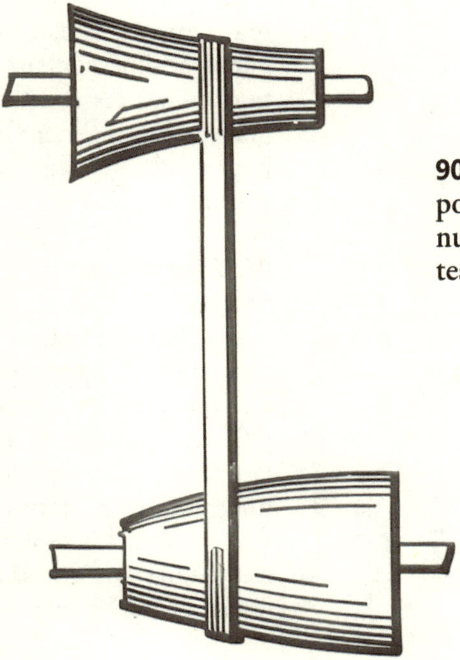

90. Poulies côniques courbées, pour augmenter ou diminuer progressivement la vitesse en déplaçant la courroie.

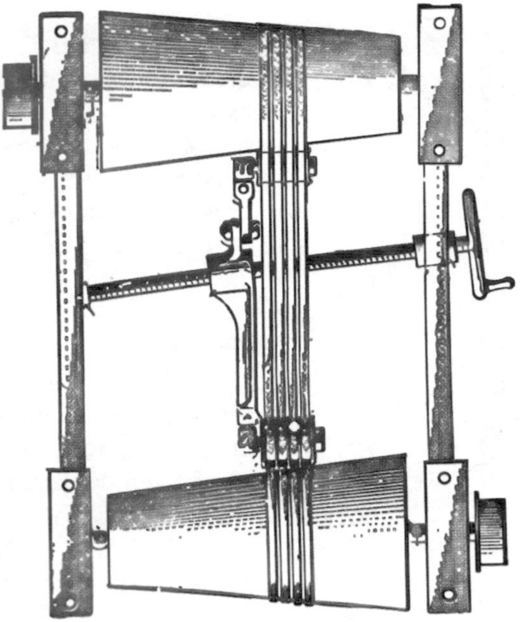

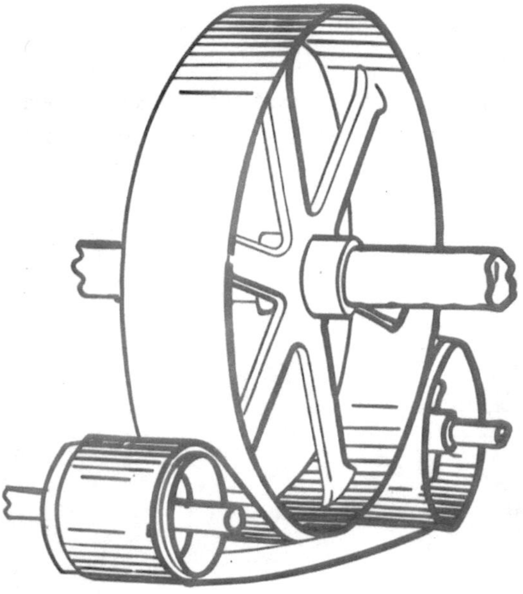

91. Dispositif de déplacement pour poulies côniques

Rendu efficace en divisant la largeur appropriée de la courroie en plusieurs courroies étroites, maintenues en place par des entretoises sur les tendeurs de courroie. Ces tendeurs sont déplacés vers l'avant et l'arrière par un écrou porteur et un arbre à vis. Ce système offre plus de puissance pour une largeur donnée qu'avec une seule courroie, tout en réduisant l'usure. Il répartit uniformément la tension sur les courroies grâce à l'agencement des poulies de guidage servant de tendeurs.

92. Transmission par courroie,

pour courroie courte et connexion rapprochée. La courroie est enroulée près de la poulie menée et pressée contre elle par une poulie de tension. Conçu pour les moteurs électriques ou l'entraînement de générateurs.

93. Transmission de puissance par courroie sur courte distance

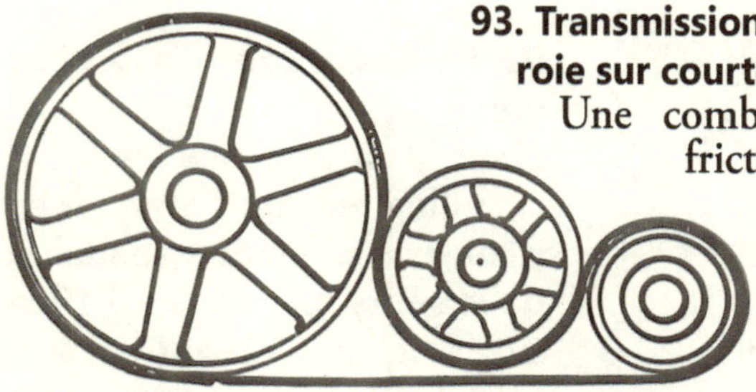

Une combinaison d'engrenage par friction, augmentée par le contact de la courroie avec la poulie menante ou menée et une poulie intermédiaire légère, exerce une pression supplémentaire sur la courroie tout en réduisant la tension du côté détendu. Cela élimine les vibrations de la courroie.

94. Transmission variable de mouvement,

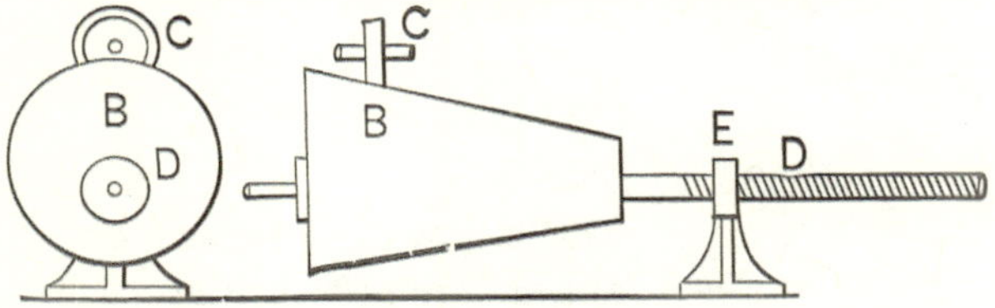

d'une poulie conique excentrée vers une poulie à friction. La poulie mobile C se déplace le long du cône, qui avance ou recule grâce à la rotation de la vis dans l'écrou à téton E, produisant ainsi un mouvement variable progressif de la poulie C, augmentant ou diminuant selon que le cône tourne vers l'avant ou vers l'arrière.

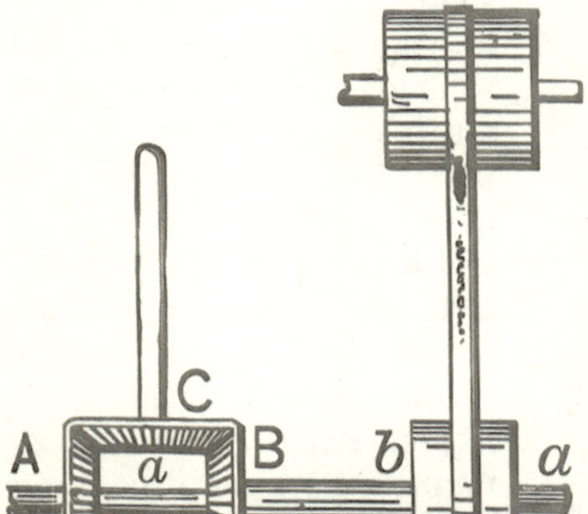

95. Arrêt, entraînement et inversion de mouvement

avec une seule courroie, qui peut fonctionner dans les deux sens : soit à partir du tambour sur l'arbre menant, soit à partir de l'engrenage conique sur l'arbre C. La poulie centrale étant folle sur l'arbre *a*, la poulie de droite solidaire de l'arbre *a*, et la poulie de gauche solidaire de l'arbre creux B, *b*. L'action d'un seul sélecteur permet de changer les mouvements ou d'arrêter le système.

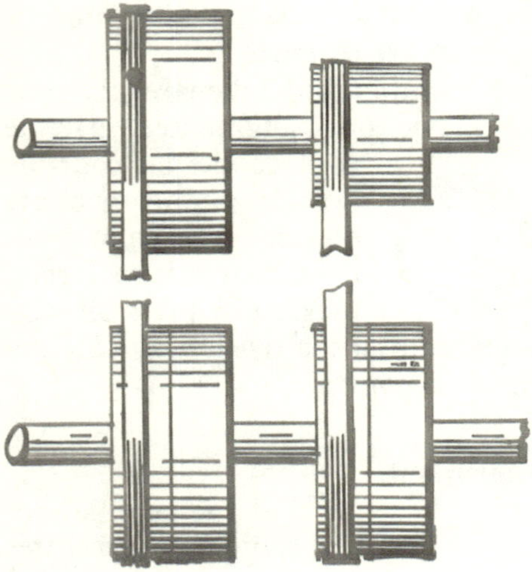

96. Poulies et courroies à deux vitesses.

Deux paires de poulies folles et solidaires sur l'arbre inférieur, et des poulies solidaires de largeurs inégales sur l'arbre supérieur. En croisant la courroie d'une paire à l'autre, on peut obtenir une vitesse de retour rapide. Très utilisé sur les machines à tarauder et les raboteuses.

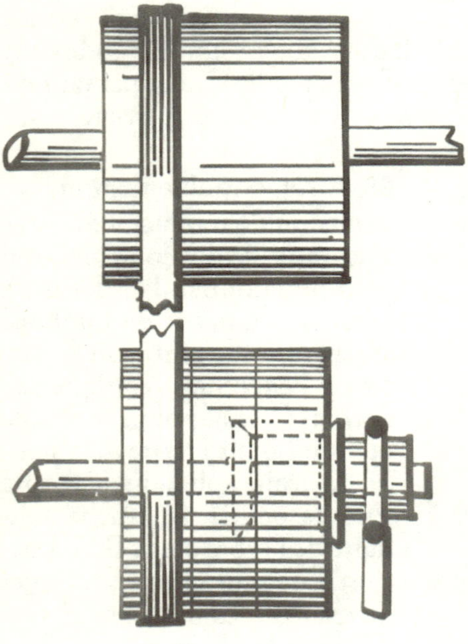

97. Poulies combinées à un engrenage différentiel

pour deux vitesses, avec courroie d'arrêt représentée sur la poulie folle. La poulie centrale de l'arbre inférieur est solidaire de l'arbre et porte un engrenage conique fixé sur son moyeu. La poulie de droite est folle sur l'arbre et supporte, transversalement, un autre engrenage conique. Un troisième engrenage conique, folle sur l'arbre, est maintenu par une bande de friction. En déplaçant la courroie vers la poulie centrale, on obtient un mouvement ordinaire ; vers la poulie de droite, une vitesse double est obtenue.

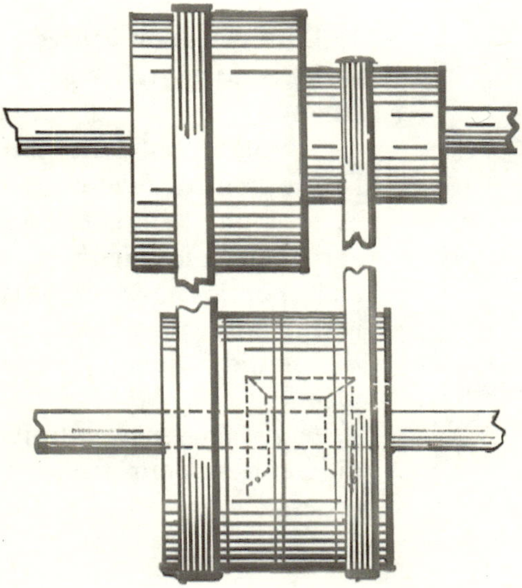

98. Transmission à deux vitesses

depuis un arbre menant, dont une vitesse variable. Le même dispositif que le n° 97, avec en plus une poulie menante de taille différente et une poulie menée fixée à l'engrenage de friction sur l'arbre inférieur. La courroie de droite se décale vers la poulie suivante et peut être droite ou croisée, offrant ainsi une variété de mouvements à l'arbre inférieur.

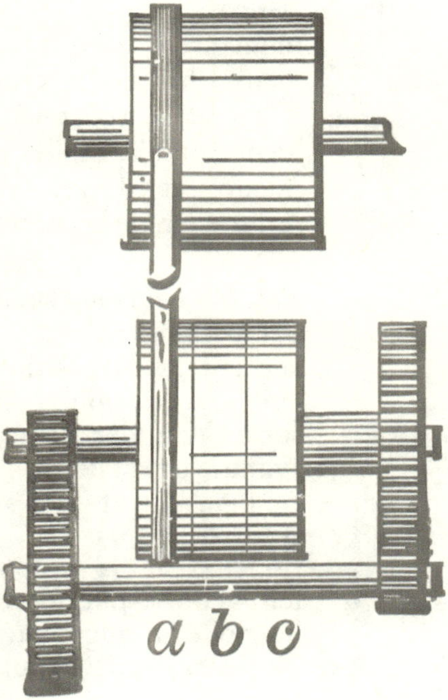

99. Engrenage à deux vitesses

à partir de poulies à courroie et d'un arbre creux. Un arbre plein avec une poulie folle (*a*) et une poulie solidaire (*b*), ainsi qu'une poulie solidaire (*c*) sur l'arbre creux portant un grand pignon menant à droite.

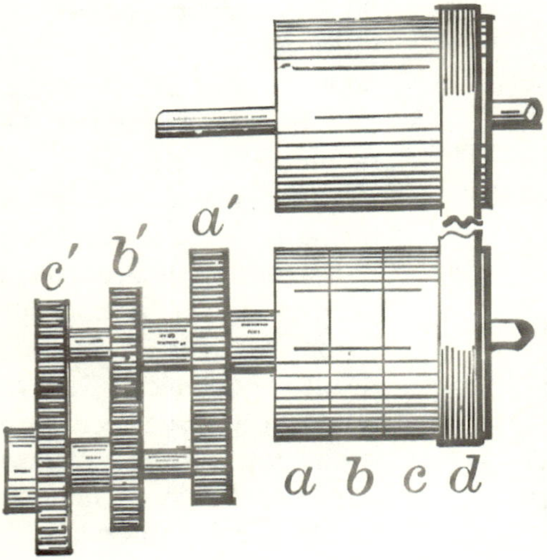

100. Transmission à vitesse variable ou engrenage cônique

a : poulie solidaire sur l'arbre creux extérieur.
b : poulie solidaire sur l'arbre creux intérieur.
c : poulie solidaire sur l'arbre intérieur ou plein.
d : poulie folle sur l'arbre plein.
a', b', c' : engrenages droits différentiels pour trois vitesses.

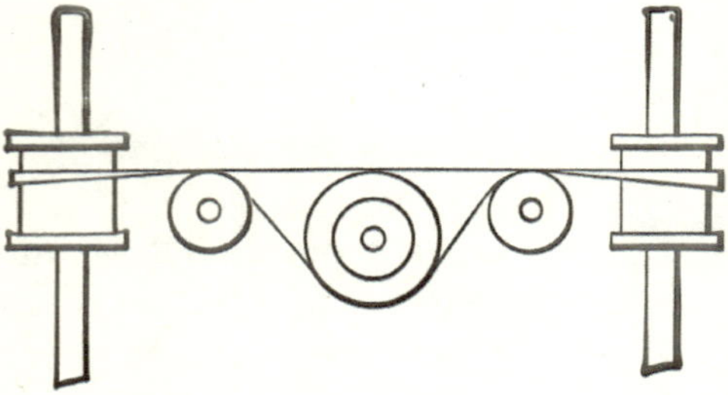

101. Transmission de puissance

d'un arbre horizontal vers deux broches verticales. Une seule courroie, avec deux poulies folles pour tendre et diriger la demi-torsion de la courroie.

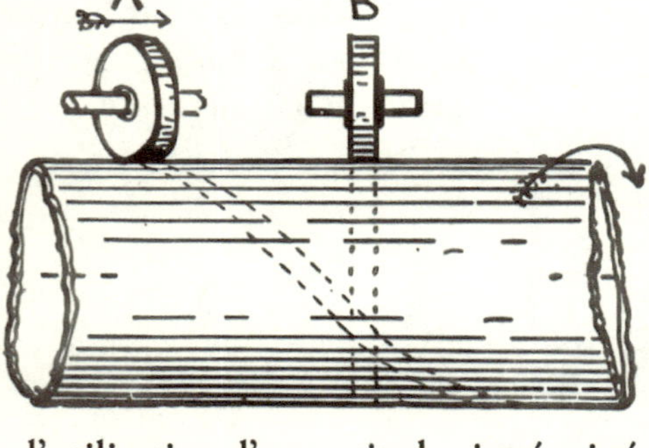

102. Mouvement rectiligne par frottement,

à partir de la position angulaire d'une poulie roulant sur un tambour ou un long cylindre en rotation.
A : mouvement vers l'avant;
B : arrêt.
Principe de la propulsion ferroviaire « Judson ». L'efficacité était augmentée par l'utilisation d'un petit chariot équipé de plusieurs poulies à rouleaux.

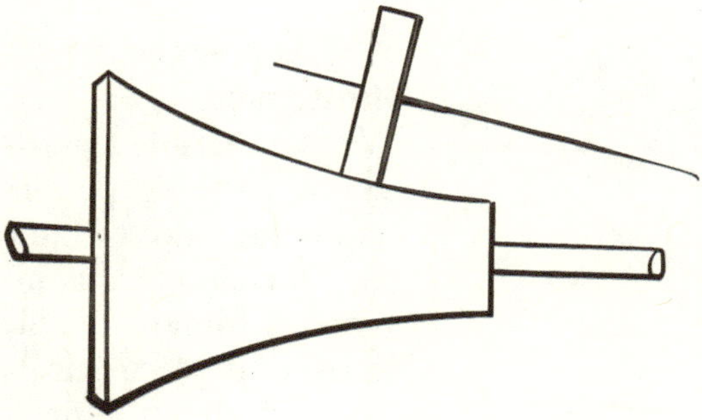

103. Mouvement rotatif variable
à partir d'une poulie à friction se déplaçant sur un tambour conique concave. Le rapport de vitesse de la poulie mobile est variable.

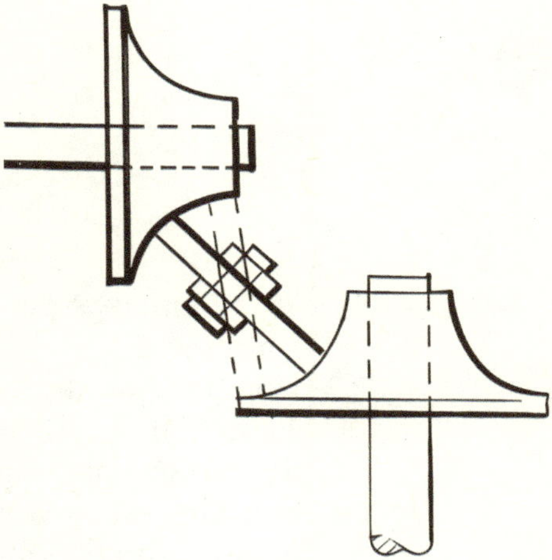

104. Mouvement variable
pour un arbre à angle droit, grâce à des poulies à friction coniques courbes avec une poulie intermédiaire oscillante. Utilisé pour des mouvements légers, comme ceux d'une machine à coudre.

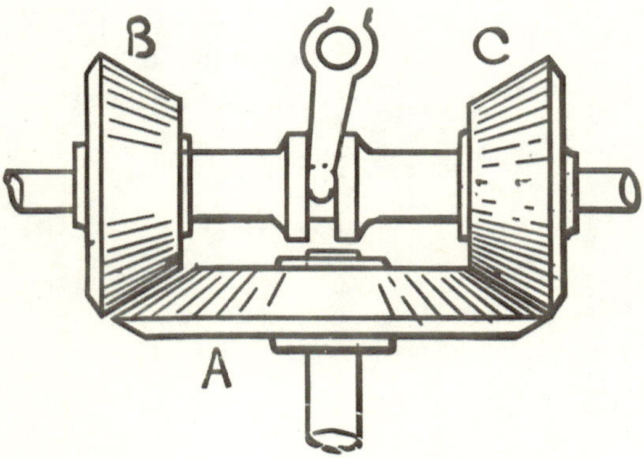

105. Engrenage par frottement,
mouvement de traversée.
A : l'élément menant.
B et C sont solidaires du manchon d'embrayage, qui peut coulisser librement sur une clavette de l'arbre mené.
Le levier amène B ou C en contact avec le cône menant A pour inverser le sens de rotation.

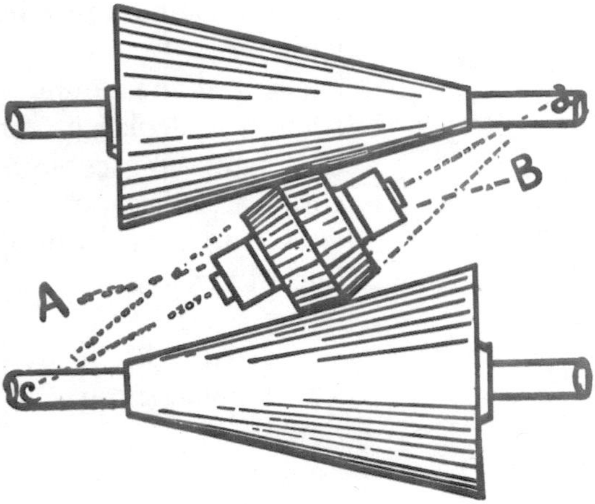

106. Engrenage par frottement

Vitesse variable à partir d'une paire de poulies coniques, dont l'une est menante. Un pignon à friction double face se déplace sur la ligne A, B en contact avec les deux cônes.

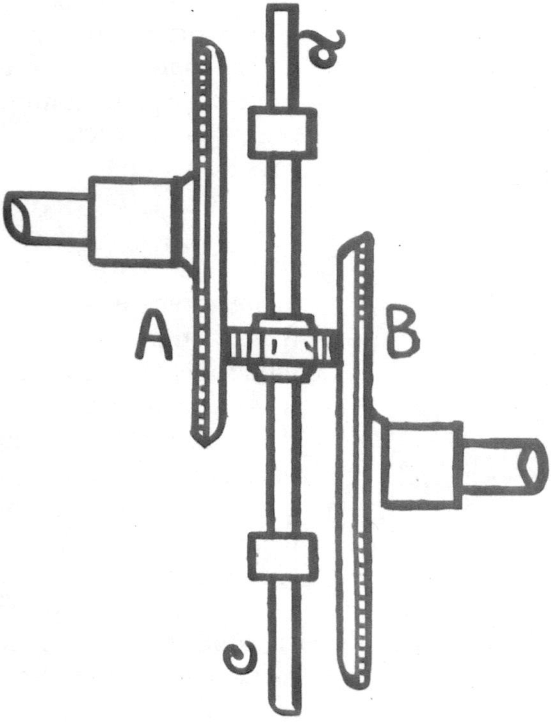

107. Engrenage par frottement

Une paire de disques à friction A, B sur des arbres parallèles non alignés, avec un pignon à friction mobile sur un axe transversal *c, d,* permet d'obtenir une large gamme de vitesses.

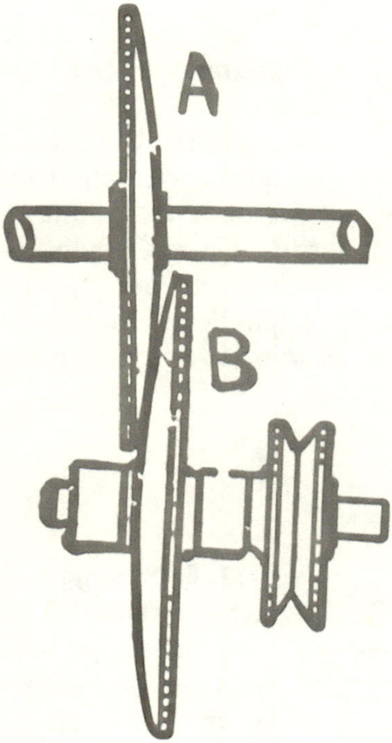

108. Engrenage par frottement

Vitesse variable à partir d'un arbre oscillant et de disques convexes. Dispositif d'entraînement « Wright » pour machines à coudre. A est l'arbre menant avec un disque convexe. B est un arbre à bande qui pivote grâce à la pédale et reste tendu ou se relâche selon ses différentes positions.

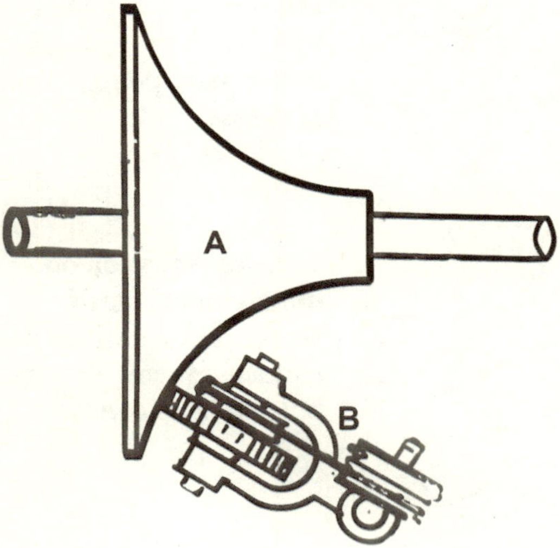

109. Transmission à vitesse variable

pour machines à coudre. A, cône concave menant. B, étrier pivotant portant une poulie à friction, avec une bande entraînant une paire de poulies au niveau du pivot, dont l'une actionne la machine à coudre.

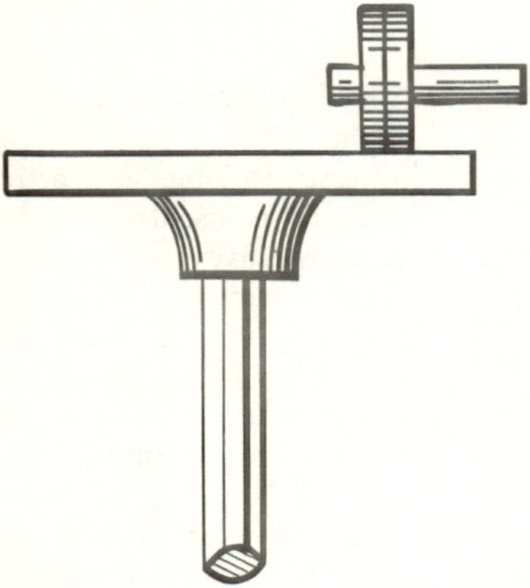

110. Engrenage par frottement
à vitesse variable en déplaçant une poulie vers ou depuis le centre de la face d'une roue à disque. Un revêtement en cuir ou en caoutchouc pour la roue et la poulie offre les meilleures conditions de fonctionnement.

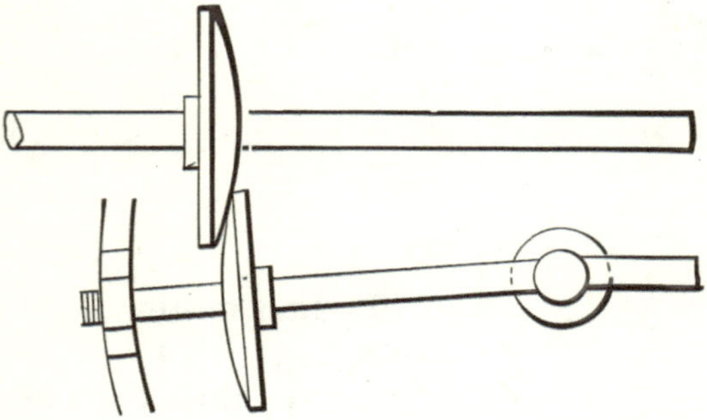

111. Engrenage à vitesse variable
pour machines à coudre, modèle « Wright ». L'arbre supérieur est menant, tandis que l'arbre inférieur, portant la poulie à bande, pivote grâce à la pédale pour ajuster la vitesse.

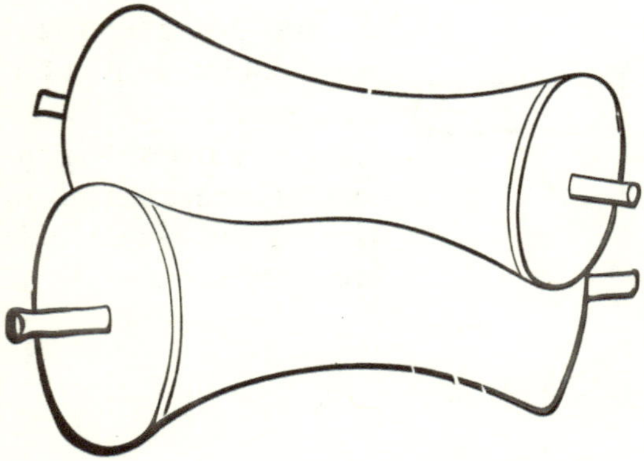

112. Transmission de mouvement rotatif
vers un arbre oblique par contact roulant de tambours à faces concaves.

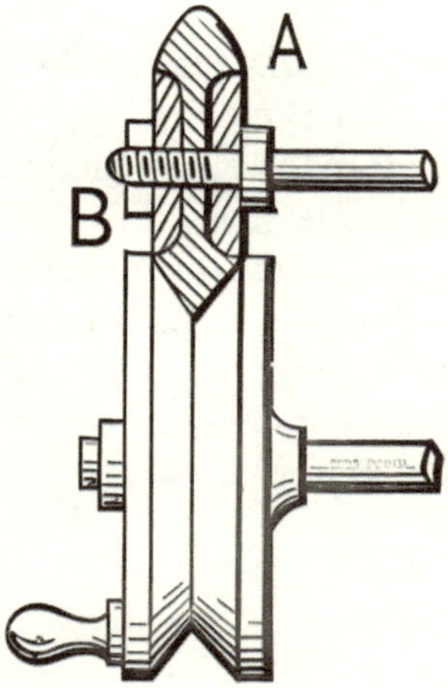

113. Engrenage par frottement combiné,
brevet « Hewlett » — Un disque en caoutchouc serré entre des rondelles métalliques.

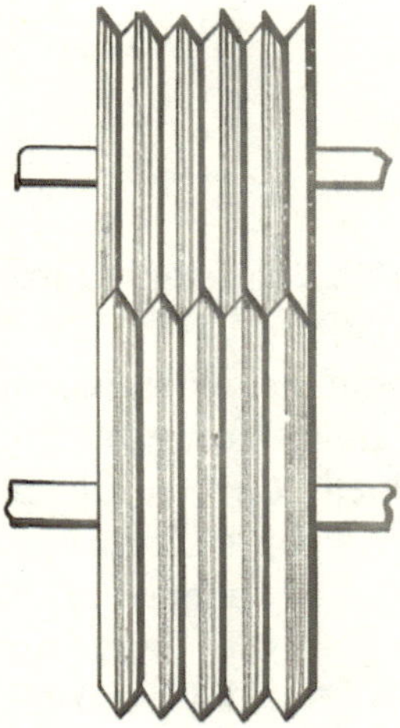

114. Engrenage par frottement rainuré
La perte de puissance par friction augmente avec la taille et la profondeur des rainures. La friction augmente inversement proportionnellement aux angles des rainures.

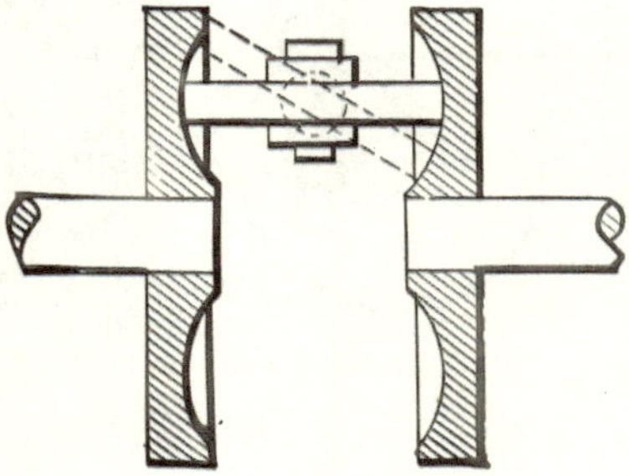

115. Mouvement variable
pour un arbre aligné, avec des disques à faces courbes et une poulie oscillante centrale par rapport aux courbes sur la face des disques.

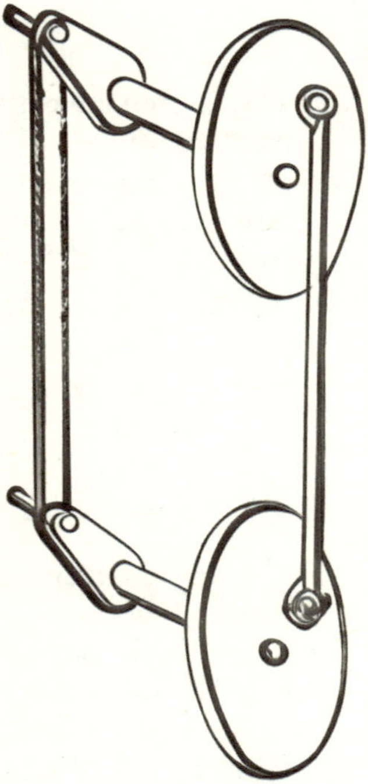

116. Transmission de mouvement circulaire

par manivelles à angle droit sur chaque arbre. Les deux bielles de connexion portent les manivelles à angle droit au-dessus du centre. Principe utilisé pour les connexions des roues de locomotive.

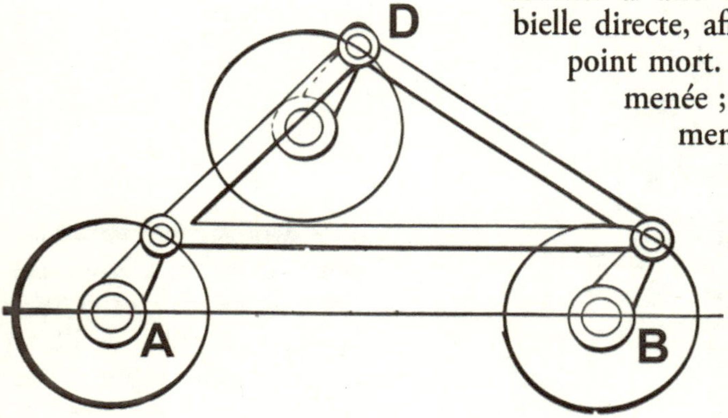

117. Connexion à trois manivelles

pour la transmission de mouvement à une manivelle par bielle directe, afin d'éviter un point mort. A : manivelle menée ; B : manivelle menante ; D : manivelle de déviation avec des connexions triangulaires aux manivelles A et B.

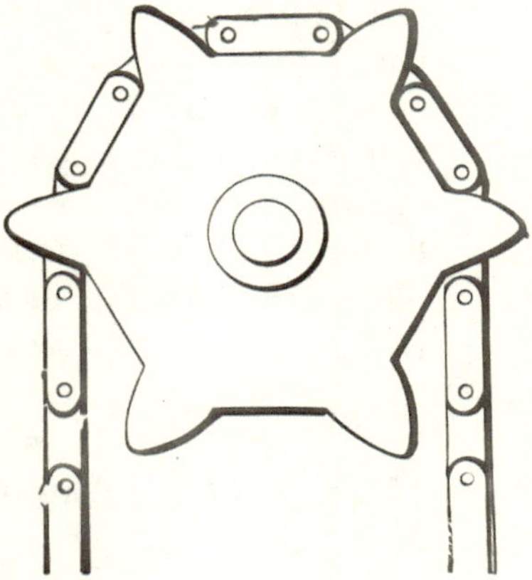

118. Roue à chaîne et chaîne
Le rayon de pas se situe au centre des rivets, avec un léger jeu pour un fonctionnement fluide.

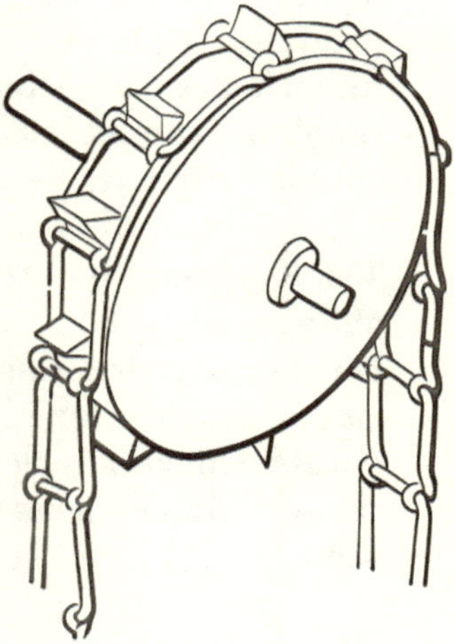

119. Courroie à maillons et poulie
Différentes formes de maillons à crochet sont utilisées pour la transmission par courroie à maillons.

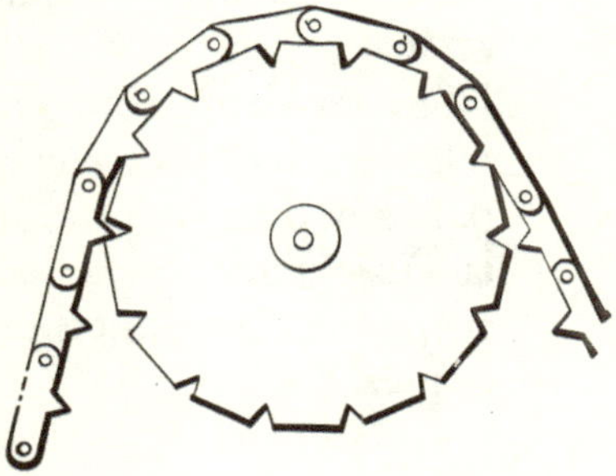

120. Chaîne à maillons dentés et poulie,
avec alternance de maillons doubles et simples.

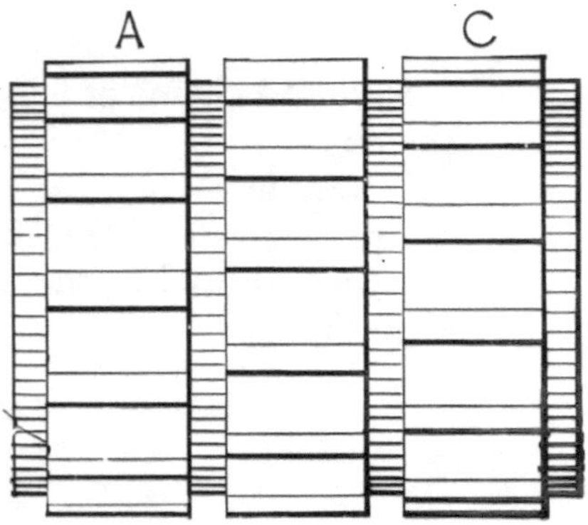

121. Engrenage à gradins
Un engrenage droit dont la denture est divisée en deux sections ou plus, chaque section étant décalée d'un demi-pas ou d'un tiers de pas, selon le nombre de sections.

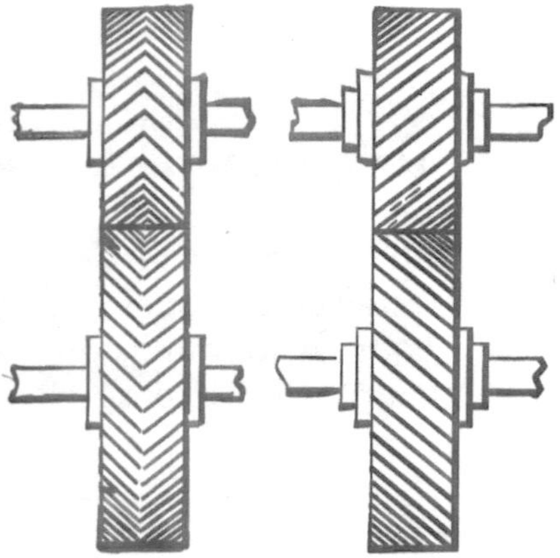

122. Engrenage à denture en V
L'inclinaison des dents par rapport au centre de la face neutralise la poussée longitudinale des dents obliques simples, comme illustré dans la paire suivante.

123. Engrenage à denture oblique
Un engrenage fonctionnant en douceur, avec une légère poussée longitudinale due aux surfaces des dents inclinées.

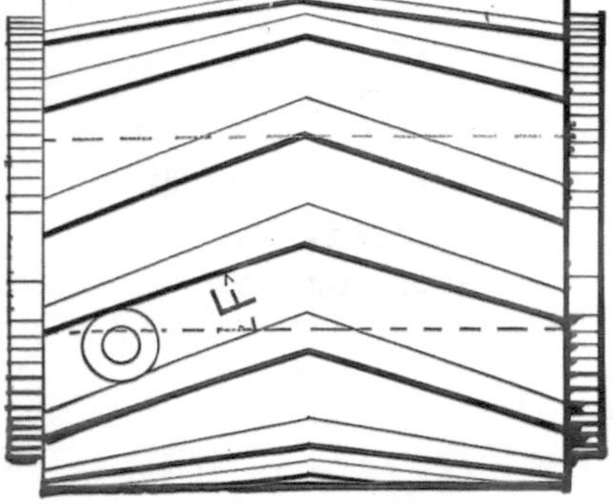

124. Engrenage à denture en V
Dont les dents sont généralement inclinées par rapport aux lignes centrales de la face, d'une valeur égale au pas aux extrémités extérieures.

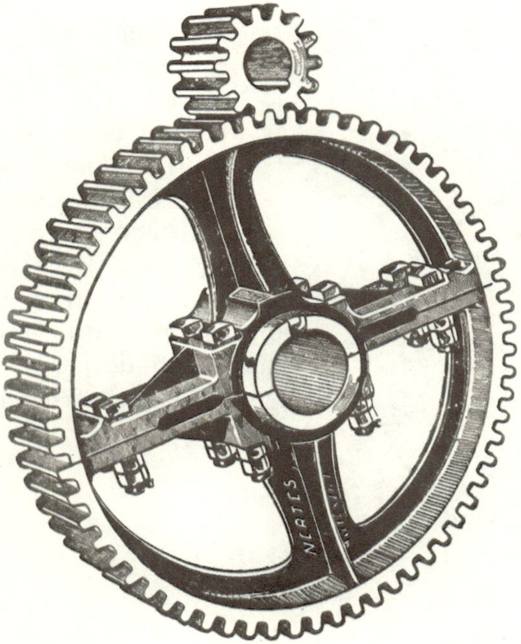

125. Engrenage droit fendu

Montre la méthode de boulonnage sur l'arbre d'un tramway.

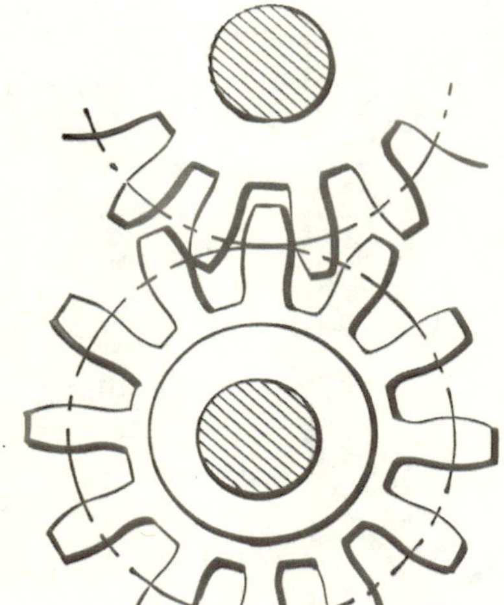

126. Roue en étoile (ou roue étoilée)

Utilisée pour les machines à essorer, les calandres, etc. Permet un engrènement variable des dents.

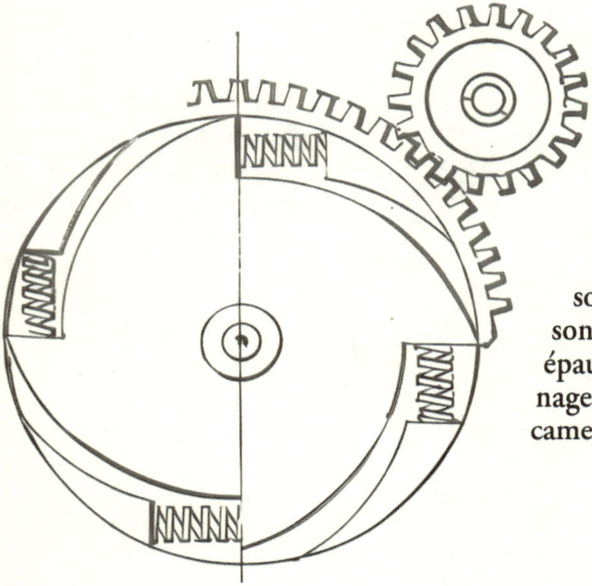

127. Engrenage droit élastique

Pour éviter le jeu. L'engrenage tourne librement sur l'arbre ; la roue à rochet est fixée sur l'arbre. Des ressorts de compression sont insérés entre les épaulements de l'engrenage et la roue à rochet à came.

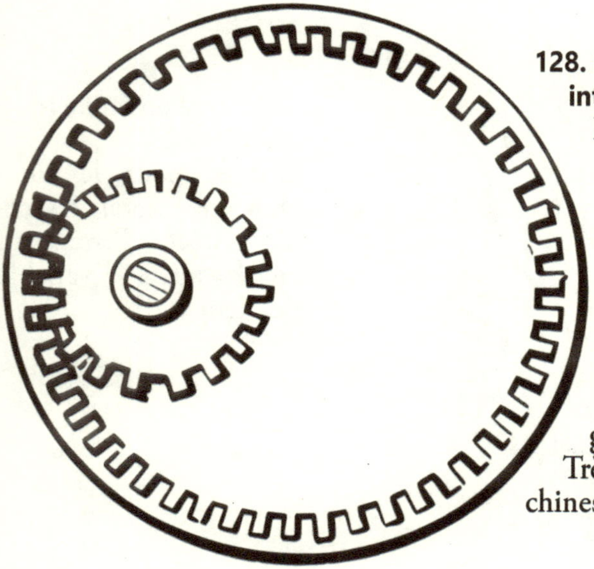

128. Engrenage droit intérieur et pignon.

Dans ce type d'engrènement, une plus grande surface de dent est en contact que avec des dents extérieures ; il présente moins d'usure et une grande puissance. Très utilisé dans les machines de levage.

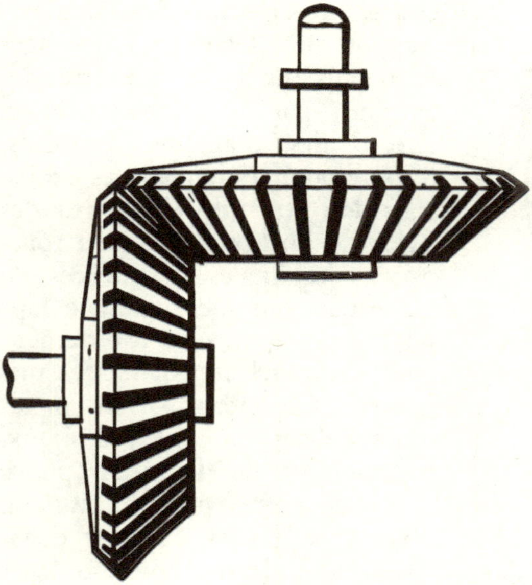

129. Engrenages coniques
Quand ils sont de diamètre égal : engrenages coniques à angle droit (ou engrenages mitre).

Quand ils sont de diamètre inégal : engrenages coniques.

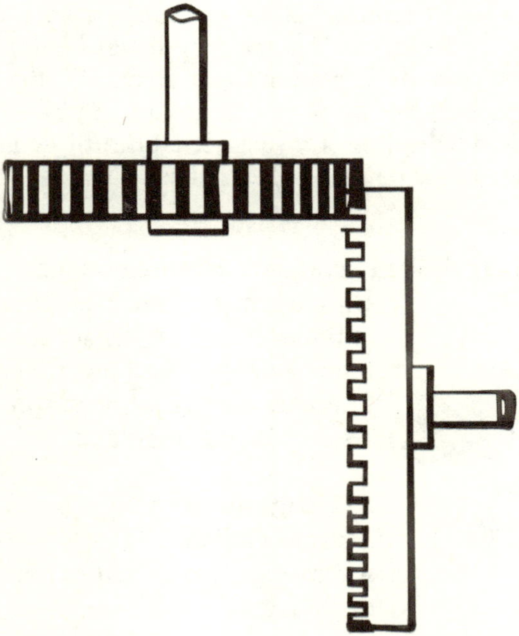

130. Roue couronne
Engrenée avec une roue droite. Utilisée pour des travaux légers. Un dispositif très ancien.

131. Engrenage à denture hélicoïdale

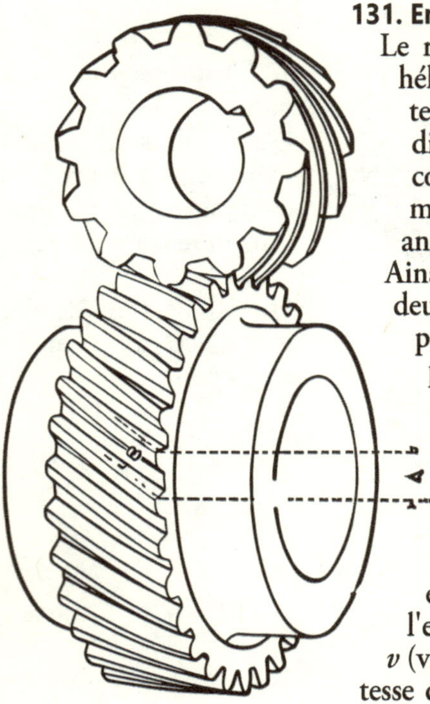

Le rapport de vitesse des engrenages hélicoïdaux ne peut pas être déterminé par une comparaison directe des diamètres primitifs, comme pour les engrenages droits, mais doit être calculé à partir des angles de l'hélice de chaque roue. Ainsi, si les angles des hélices de deux roues sont identiques, le rapport de vitesse sera inversement proportionnel aux diamètres primitifs. Cependant, si les angles des hélices ne sont pas égaux, le nombre de dents par pouce de diamètre primitif variera. Dans tous les cas, le rapport de vitesse dépendra du nombre de dents et de leur angle d'hélice, comme l'exprime la proportion suivante : *v* (vitesse de la petite roue) est à V (vitesse de la grande roue) ce que D (diamètre primitif de la grande roue multiplié par le cosinus de son angle d'hélice) est à *d* (diamètre primitif de la petite roue multiplié par le cosinus de son angle d'hélice).

132. Engrenage droit et conique à denture oblique

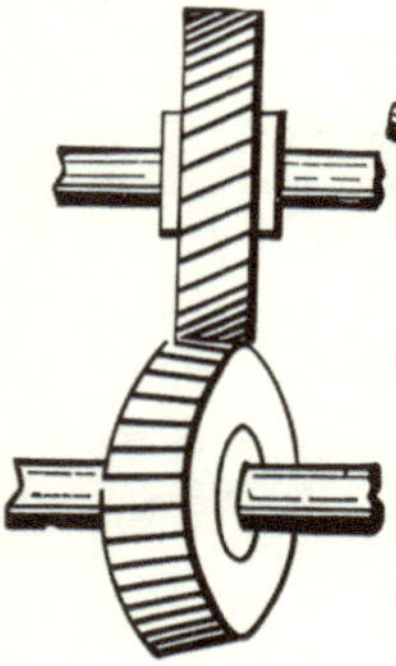

Un engrenage droit à denture oblique et un engrenage conique à denture oblique, fonctionnant sur des arbres disposés en position angulaire.

133. Engrenage conique à denture oblique

sur arbres à angle droit et hors du plan axial.

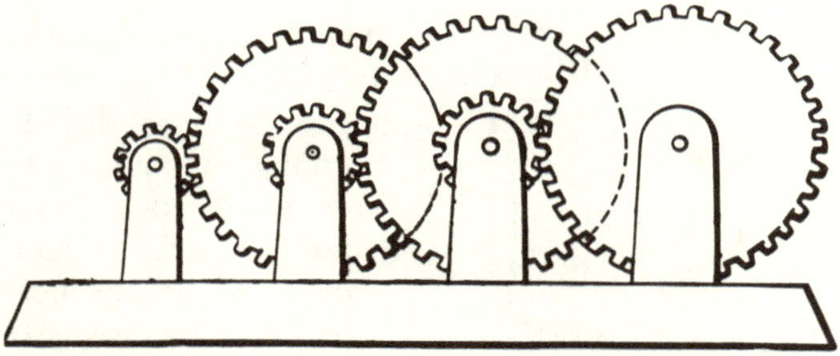

134. Train d'engrenages

Solution pour augmenter la vitesse : Divisez le produit du nombre de dents des roues menantes par le produit du nombre de dents des pignons menés. Sinon, le rapport de chaque paire peut être multiplié par le rapport de la paire suivante. Pour réduire la vitesse, divisez les rapports.

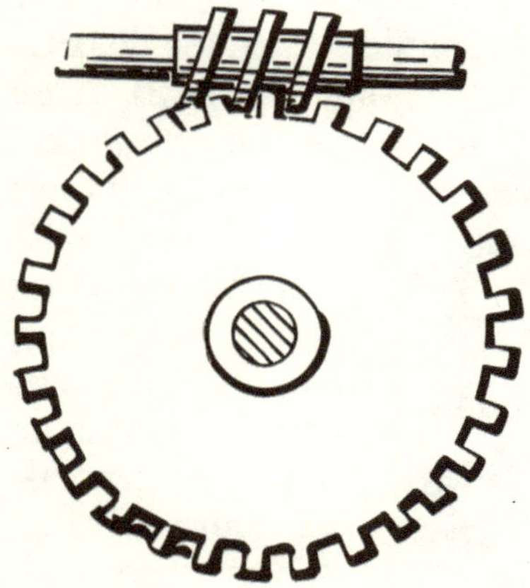

135. Engrenage à vis sans fin

Avec un filet simple, le nombre de tours de la vis est égal au nombre de dents de la roue droite pour effectuer une révolution complète.

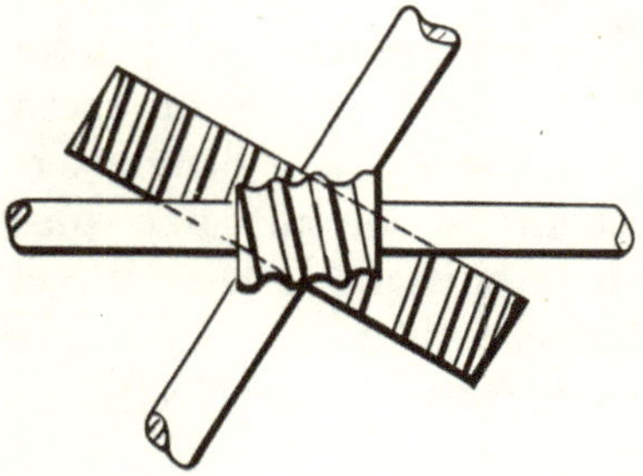

136. Engrenage à vis sans fin et roue hélicoïdale décalée.

L'angle des dents de cette roue droite doit être égal à l'angle de l'arbre de la vis, moins l'angle de la vis au niveau des lignes primitives des deux éléments.

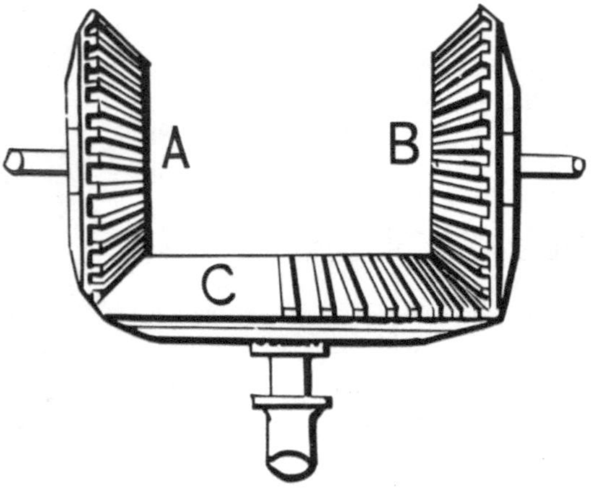

137. Mouvement intermittent
uniforme dans des directions opposées. Le secteur vide de la roue conique motrice C interrompt alternativement le mouvement de A et B.

138. Engrenage conique à vitesse variable
Une innovation pour bicyclettes. Une révolution de A entraîne deux révolutions de B. A est un engrenage conique elliptique centré sur l'arbre, tandis que B est un engrenage conique elliptique ayant la moitié du nombre de dents de A et tourne sur l'un de ses centres elliptiques. Les manivelles sont placées à l'opposé du petit diamètre de l'engrenage menant A, offrant une plus grande puissance à la pédale et un mouvement plus rapide aux points neutres de la manivelle.

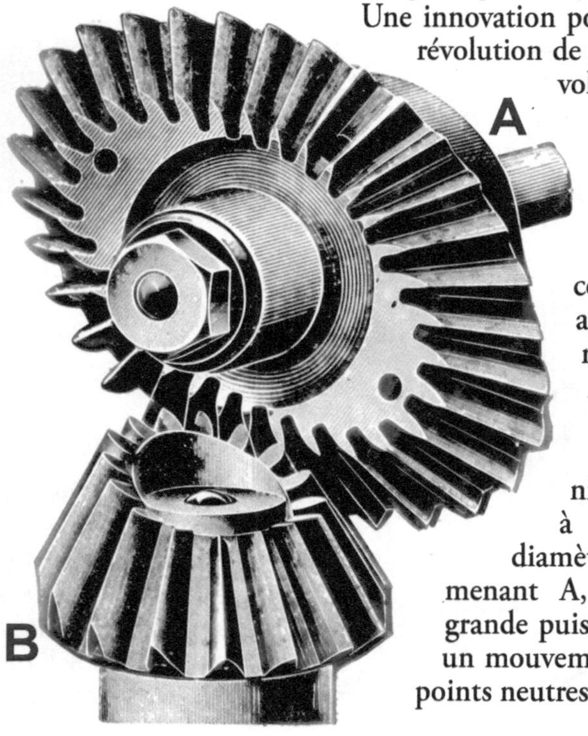

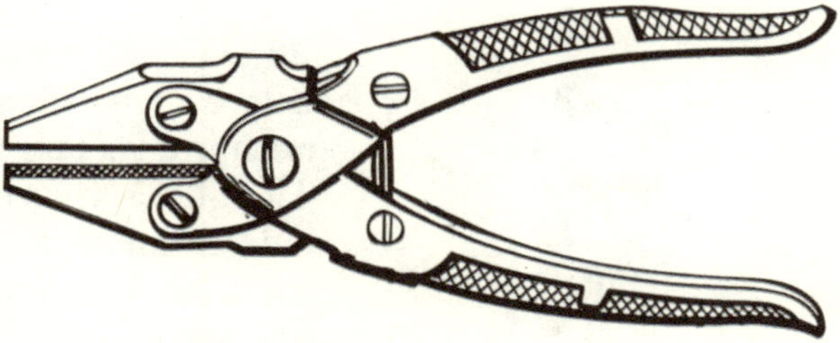

138*a*. Mouvement parallèle de pinces
Les mâchoires sont articulées en double à des distances égales du pivot central des poignées.

138*b*. Transmission de mouvement circulaire par bielle et coulisseau.
Le coulisseau est fixé sur la bielle à mi-distance pour des longueurs de manivelle égales.

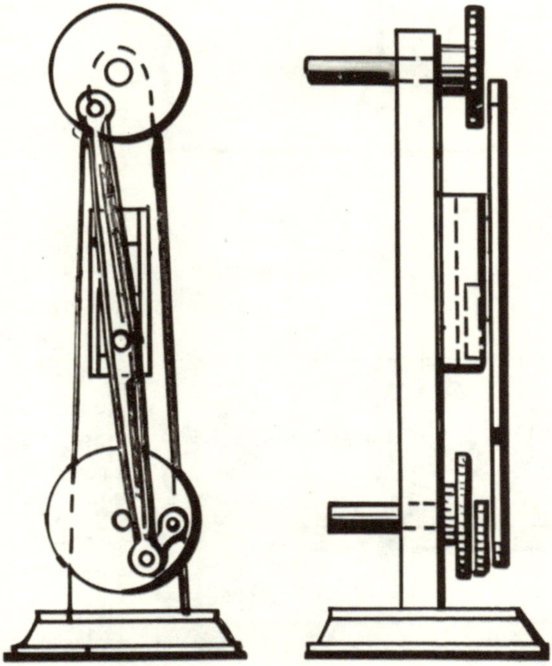

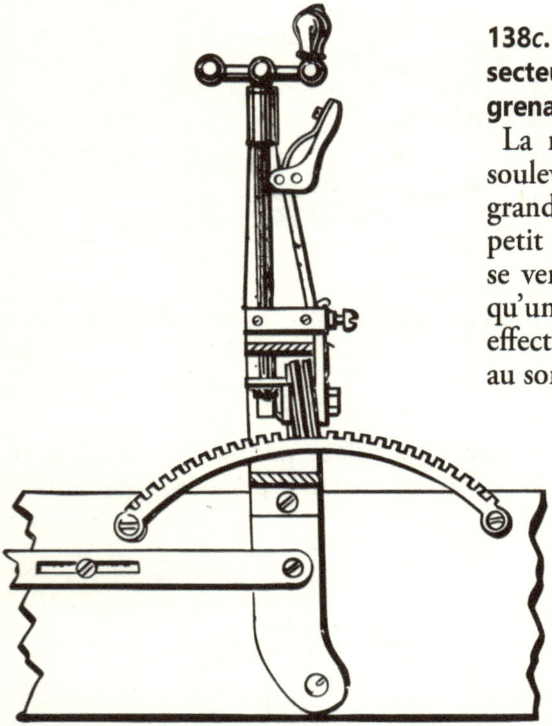

138*c*. Levier d'inversion avec secteur à crémaillère et engrenage à vis sans fin.

La roue à vis sans fin est soulevée du secteur pour les grands mouvements par un petit verrou de levage, puis se verrouille à nouveau lorsqu'un petit mouvement est effectué par la poignée située au sommet du levier.

138*d*. Transmission

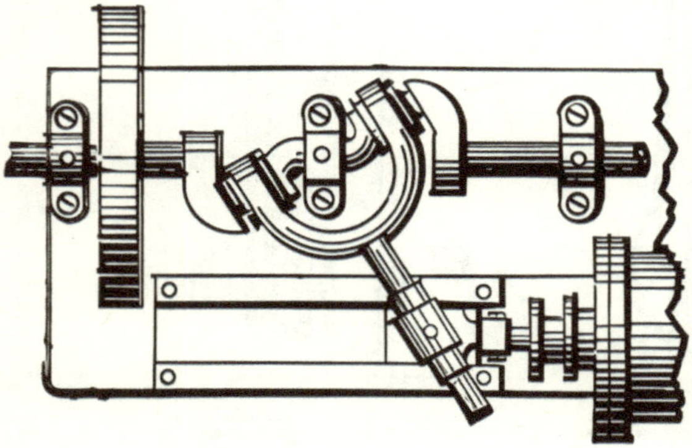

du mouvement alternatif en mouvement rotatif par manetons de vilebrequin diagonaux et bielle de culasse.

Un pivot coulissant sur la tête de bielle permet le balancement de la bielle de culasse.

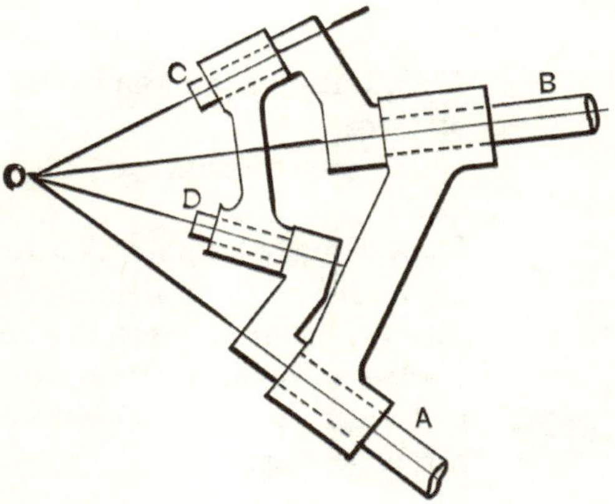

138*e*. Transmission par bielle

de mouvement d'arbre, ou mécanisme à bielle conique. Le principe consiste à faire converger toutes les lignes de mouvement vers un centre commun O. Les manivelles sont de longueur égale, et les distances des paliers rotatifs sont également égales et équidistantes de O. Les paliers fixes de l'arbre sont aussi à des distances égales de O.

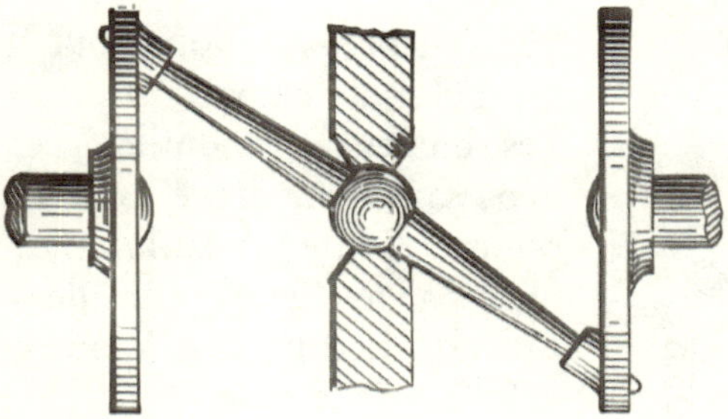

138*f*. Transmission par levier rotatif.

Le levier, oscillant sur son support à son centre et articulé sur le bord des disques, transmet la puissance d'un arbre à un autre aligné sur la même ligne.

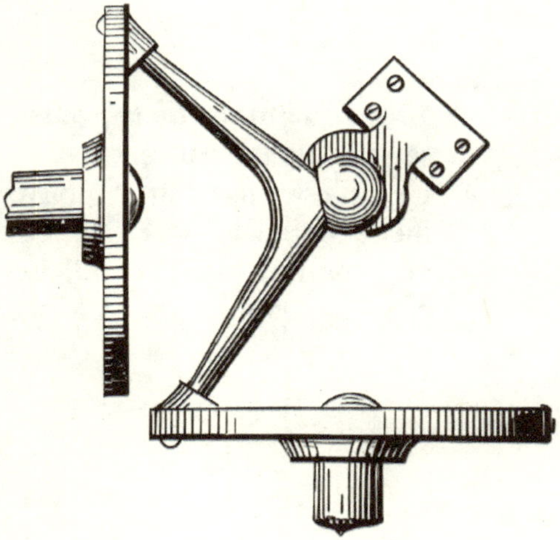

138*g*. Transmission par levier coudé.

Un levier coudé, articulé à l'intersection de deux arbres à angle droit et monté sur le bord des disques, transmet la puissance dans la même direction à des arbres à angle droit. Il présente deux points morts.

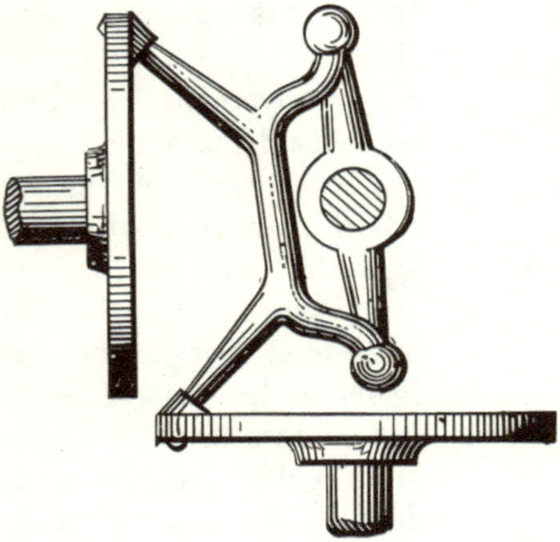

138*h*. Liaison à joint en jambe de force

pour transmission à angle droit.
Dans laquelle les points morts de la liaison à levier coudé sont évités. Le mouvement de torsion au point mort sera absorbé par le palier central en forme de joug.

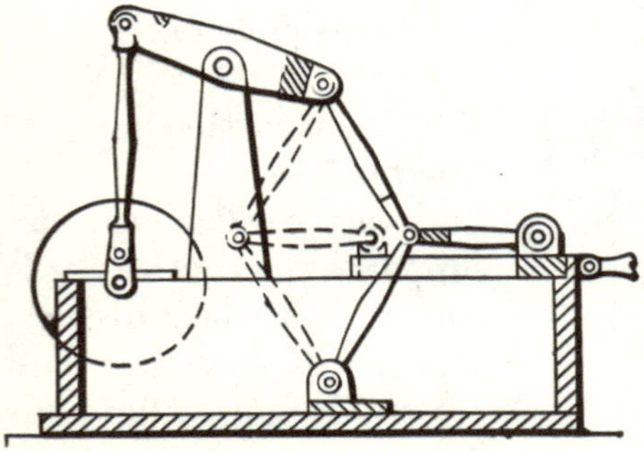

138*i*. Deux révolutions pour un seul mouvement.

Les bielles à genouillère, en dépassant leur ligne centrale pour atteindre la position indiquée par les lignes pointillées, provoquent une deuxième révolution de la roue.

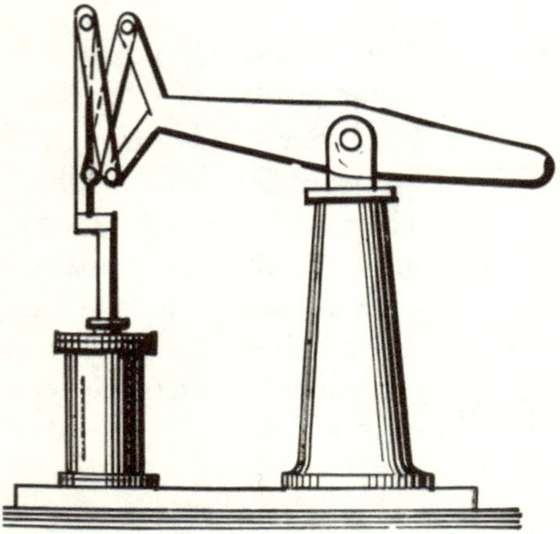

138*j*. Équilibrage de la poussée par bielles croisées.

Ce n'est pas un mouvement parallèle vrai. La tige de pompe est sollicitée par la connexion croisée.

138*k*. Poulie à changement de vitesse.

Le principe de fonctionnement est illustré à la Fig. 115. Le cadre des poulies de transfert est fixe, et le changement d'angle est effectué par les deux secteurs dentés et la poignée, comme montré dans la deuxième illustration. Toutes les pièces tournent sur des roulements à billes.

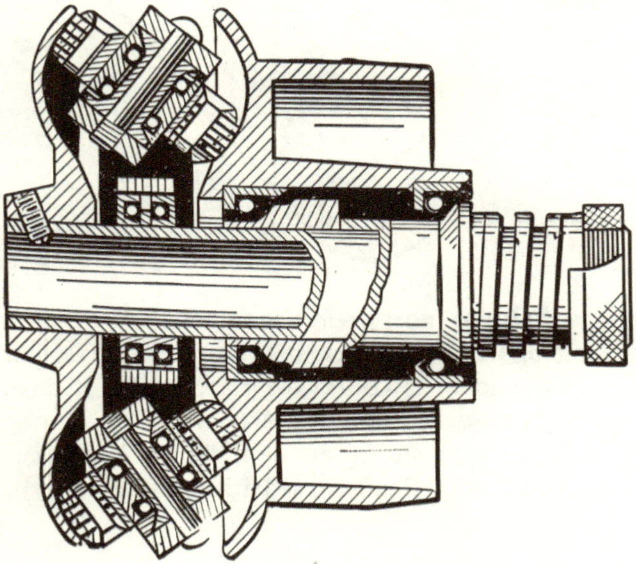

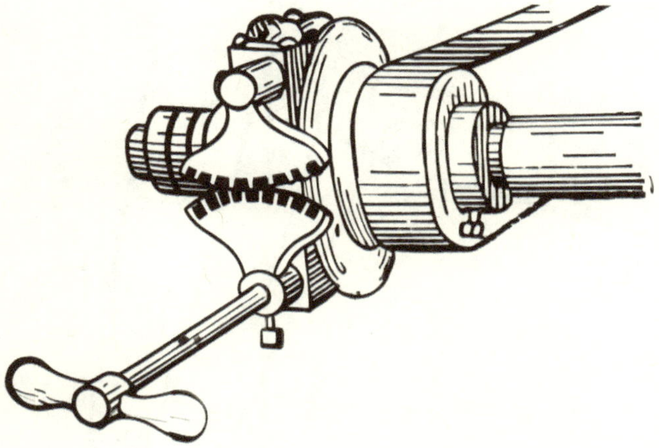

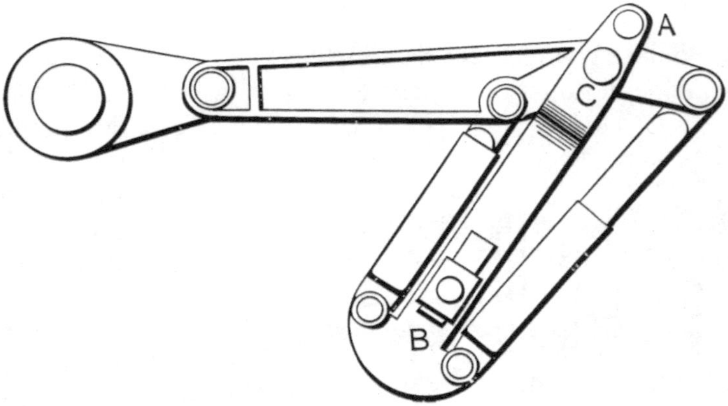

138*l*. Aide au passage du point mort pour la manivelle.
L'un des dispositifs ingénieux des inventeurs. La compression de l'air dans l'un des cylindres pendant la course du moteur sert de force pour pousser la manivelle au-delà du point mort.
Le cadre du cylindre est articulé sur la tête de bielle en A et sur la bielle en C. B est un coulisseau articulé sur le bâti du moteur.

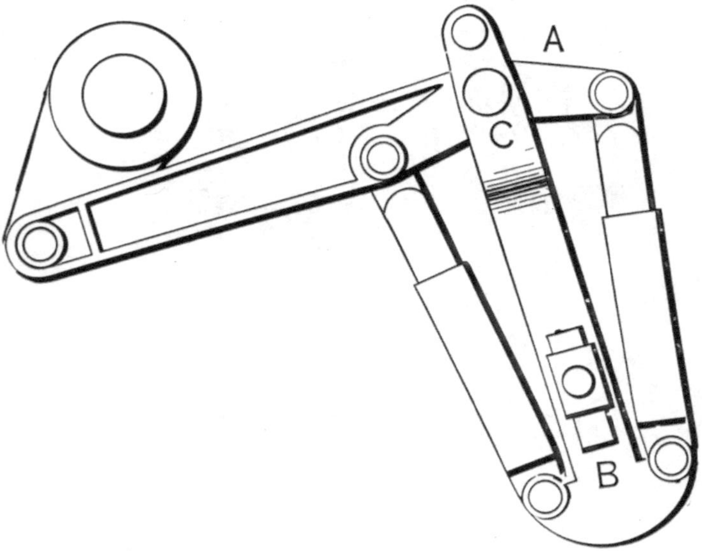

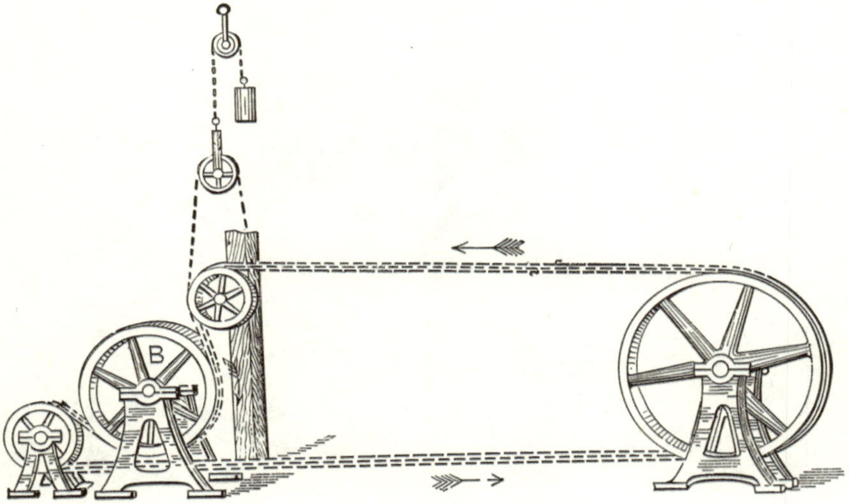

138*m*. Transmission à mouvement inversé.

A étant la poulie menante et B la poulie menée, le mouvement sera inversé grâce à la courroie circulant du côté proche, guidée par les deux poulies folles.

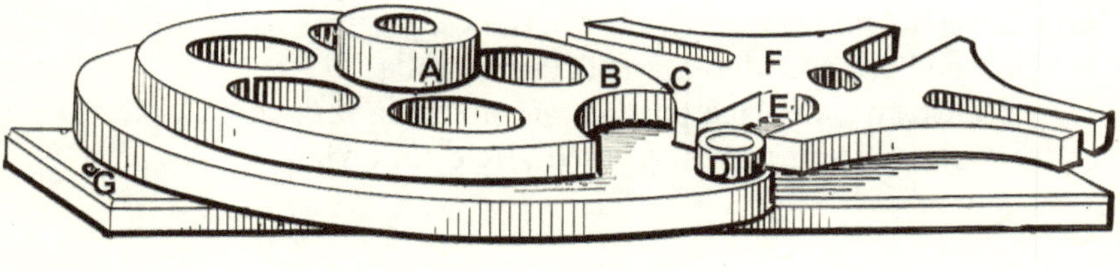

138*n*. Transmission intermittente de puissance par engrenage droit.

A est l'élément menant. Lorsque B et C sont ensemble, l'engrenage F est bloqué. Lorsque le galet D s'engrène avec E, la roue menée E effectuera un tour partiel (plus ou moins important selon la conception).

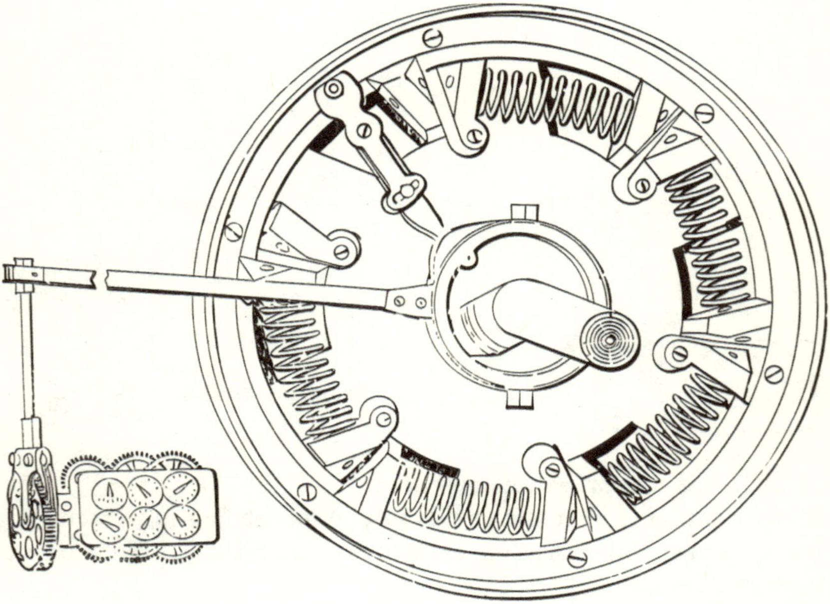

138o. Dynamomètre enregistreur continu.

Deux moyeux à brides sur un arbre, avec une poulie folle entre eux pour recevoir ou transmettre la puissance. Les ressorts s'appuient sur la bride de l'arbre et déplacent la poulie folle.

Un excentrique, déplacé par la traction de la puissance, agit sur un cadran enregistreur par l'intermédiaire d'un levier.

Mechanical Appliances Mechanical Movements and Novelties of Construction

A COMPLETE WORK AND A CONTINUATION, AS A SECOND VOLUME, OF THE AUTHOR'S BOOK ENTITLED "MECHANICAL MOVEMENTS, POWERS AND DEVICES." BEING MORE SPECIAL IN SCOPE THAN THE FIRST VOLUME, INASMUCH AS IT DEALS WITH THE PECULIAR REQUIREMENTS OF THE VARIOUS ARTS AND MANUFACTURES, AND MORE DETAILED IN ITS EXPLANATIONS BECAUSE OF THE GREATER COMPLEXITY OF THE MACHINERY SELECTED FOR ILLUSTRATION. WITH A CHAPTER ON RADIO TELEGRAPHY AND TELEPHONY
AND
Including an Explanatory Chapter on the Leading Conceptions of Perpetual Motion Existing During the Past Three Centuries

BY

GARDNER D. HISCOX, M.E.

Author of "Gas, Gasoline and Oil Engines," "Compressed Air," etc.

Containing One Thousand Specially Made Illustrations

SIXTH REVISED AND ENLARGED EDITION

NEW YORK

THE NORMAN W. HENLEY PUBLISHING CO.

2 WEST 45TH STREET

1927

Les nombreuses éditions par lesquelles le premier volume de "*Mouvements mécaniques*" est passé constituent plus qu'un encouragement suffisant pour justifier la publication d'un second volume, plus spécialisé dans son champ d'application que le premier. En effet, celui-ci traite des exigences particulières de divers arts et manufactures, et offre des explications plus détaillées en raison de la complexité accrue des machines sélectionnées pour illustration.

Bien que les dispositifs présentés dans le premier volume soient plus simples, les applications décrites dans ce second volume peuvent être tout aussi facilement comprises. Le texte a été rédigé de manière à ne présenter aucune difficulté insurmontable pour le lecteur doté d'une connaissance mécanique moyenne. Bien que plus étendu que "Mouvements mécaniques", le présent ouvrage est loin d'épuiser le sujet. De nombreux appareils ont été omis, soit par manque de place, soit en raison de l'impossibilité d'obtenir des détails de construction adéquats.

Cependant, les machines incluses couvrent un champ mécanique si vaste et ont été si soigneusement choisies pour répondre aux besoins de l'étudiant en quête d'informations générales qu'elles peuvent être considérées comme assez représentatives des dispositifs utilisés dans les industries anciennes et modernes. L'intelligence mécanique trouve ici une expression des plus élevées dans les inventions illustrées et décrites dans ces pages.

Plus nous approfondissons la recherche de nouveauté et de variété dans le domaine actuel de la conception mécanique, plus nous découvrons les possibilités de l'ingéniosité humaine. La facilité et la puissance de construction démontrées par les mécanismes complexes du passé augurent bien de l'avenir du génie inventif.

Gardner D. Hiscox

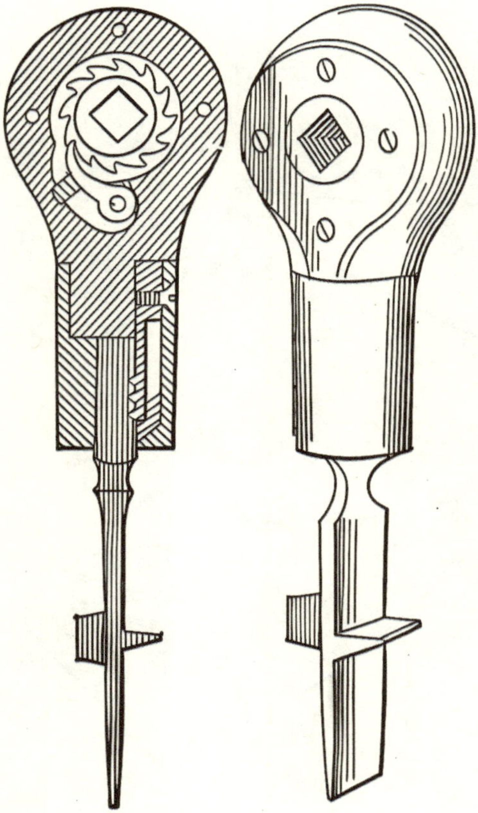

6. Tournevis universel.
Le manche est équipé d'un embout à cliquet dans lequel une lame à trois pointes peut être insérée pour une plus grande puissance ou pour s'adapter à des conditions particulières.

7. Coupe montrant l'embout à cliquet et à rochet.
Conçu pour maintenir la tige carrée de la lame afin de faciliter les travaux dans les angles.

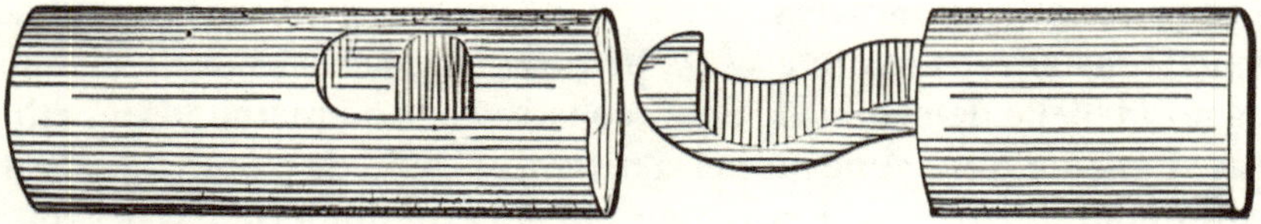

8. Accouplement rapide pour tiges d'égout.
Crée une tige lisse et continue qui ne peut pas se désaccoupler pendant l'utilisation.

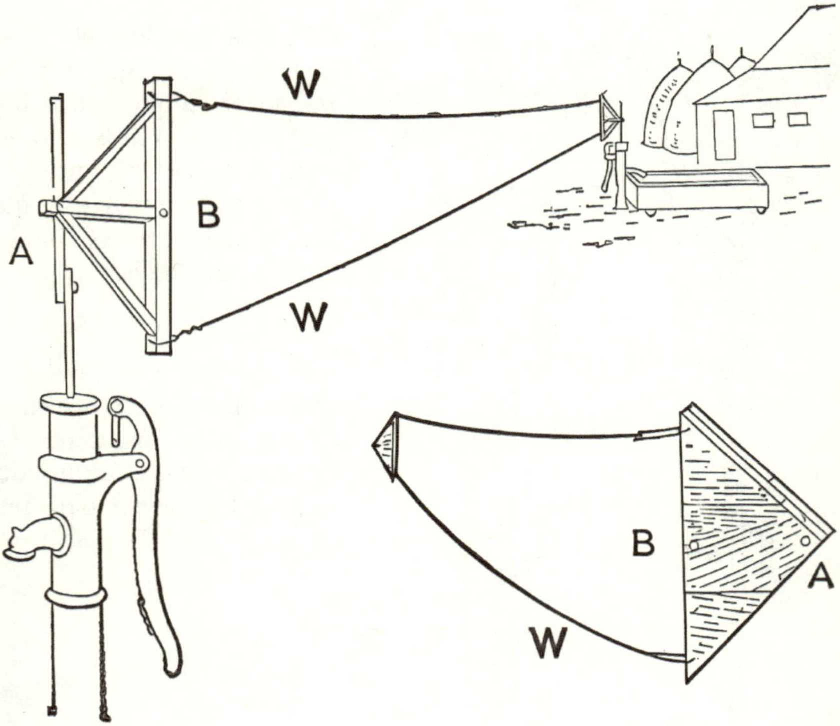

9. Transmission de puissance par câble métallique et leviers ancrés. Les pièces en T renforcées A et B, dont les bras sont reliés à un balancier distant par le câble W W, pivotées sur le châssis de l'éolienne et sur la bielle de manivelle en A, constituent une méthode très efficace pour actionner une pompe à distance. Un fil de clôture résistant suffit pour une pompe domestique et peut être supporté par des rouleaux sur de longues distances.

10. Élévateur à sacs.

Les sacs sont déchargés depuis la porte d'un wagon sur une grille, à travers laquelle les bras fourchus de l'élévateur les saisissent et les déposent sur une glissière inclinée. Ils glissent ensuite jusqu'à un transporteur horizontal, d'où ils sont acheminés vers l'emplacement souhaité.

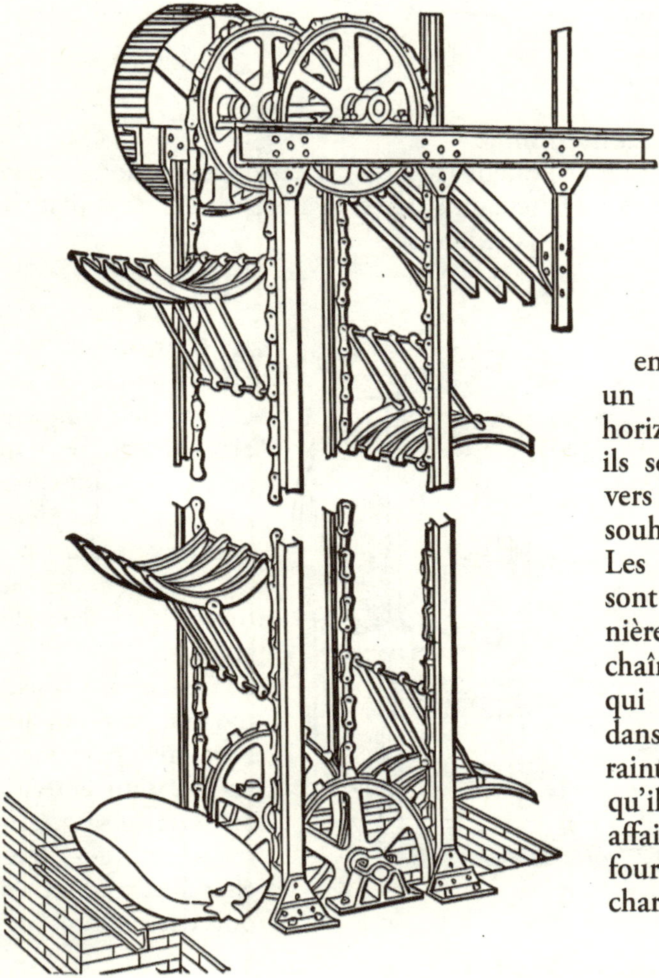

Les bras fourchus sont fixés de manière souple aux chaînes à pignons, qui sont guidées dans des poteaux rainurés, de sorte qu'il n'y ait aucun affaissement des fourches lorsque la charge est en place.

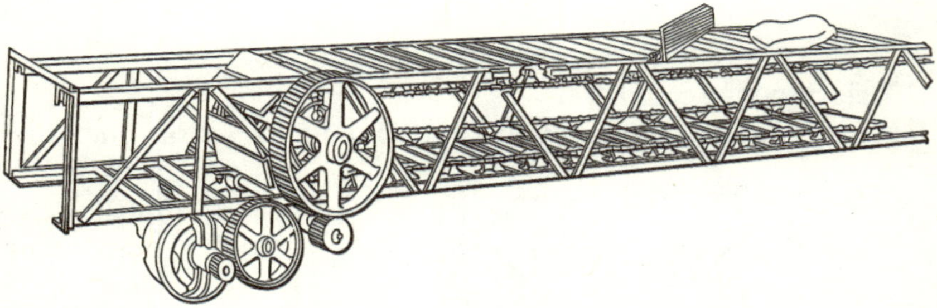

11. Transporteur horizontal.
Reçoit les sacs de l'élévateur (Fig. 10) et les dépose le long du sol d'un entrepôt en les basculant sur le côté aux endroits où la planche de guidage inclinée est positionnée.

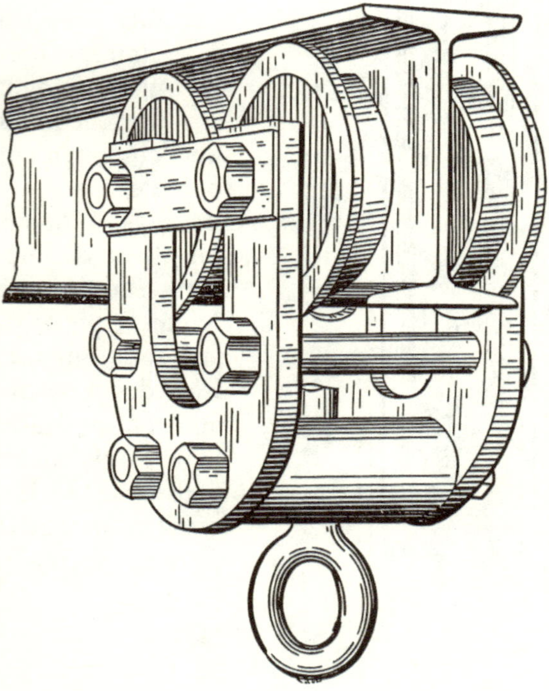

12. Chariot sur poutre en I.
Un appareil simple et efficace équipé d'un palan à chaîne pour positionner des pièces lourdes sur des tours ou déplacer des articles légers dans des ateliers.
La poutre en I constitue un bras de support très pratique à l'avant d'un entrepôt ou d'une usine pour transférer des marchandises vers et depuis des camions.

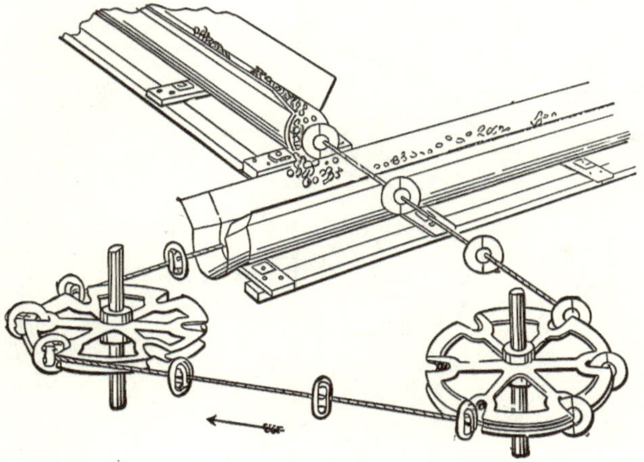

13. Transporteur bidirectionnel.
Méthode permettant à un transporteur à corde et disques de changer de direction. Conçu pour les céréales, le gravier, le sable, l'argile et autres matériaux en vrac.

14. Chariot de tramway à câble (système Bleichert).
Le câble supérieur est le câble porteur et le chariot, tandis que le câble inférieur est le câble de traction auquel est fixé le dispositif de préhension du cadre du chariot. La traction d'une corde de déclenchement permet de démarrer ou d'arrêter le chariot.
15. Vue de côté du cadre de chariot ouvert et de la came de préhension.

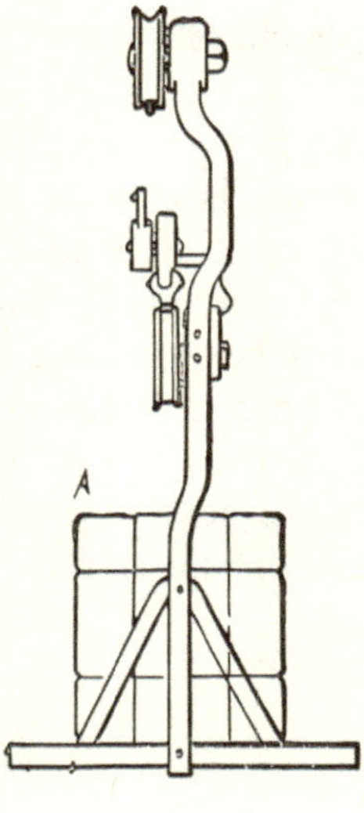

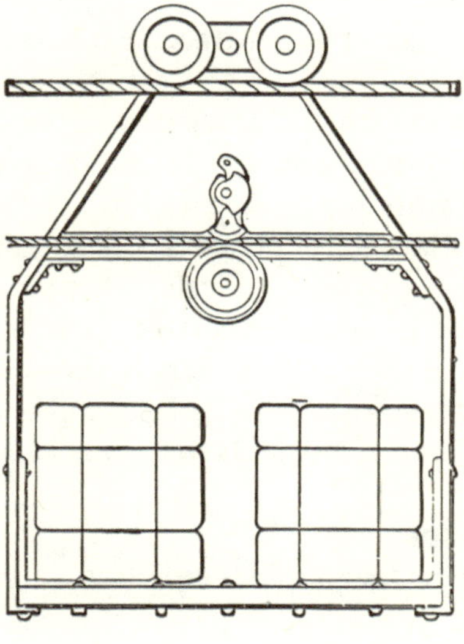

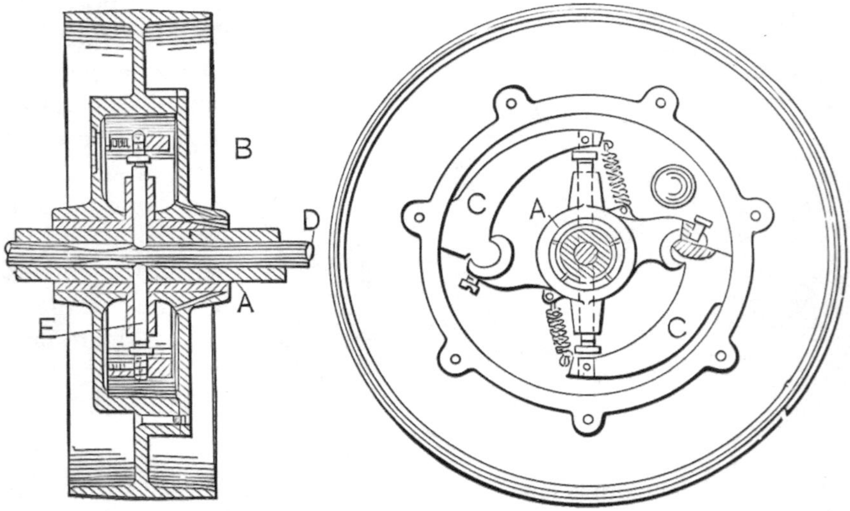

16. Poulie à friction.
Le moyeu central A, claveté sur l'arbre, est usiné pour former un palier pour la poulie et pour le couvercle B, fixé sur la chambre circulaire de la poulie. Les cliquets ou leviers de serrage C — suspendus aux extrémités des bras du moyeu A — sont usinés à une extrémité pour s'adapter à la surface de friction dans la chambre de la poulie.

L'arbre intermédiaire est percé pour recevoir la tige trempée D, qui est reliée au dispositif de commande. Lorsque la tige est déplacée dans l'arbre par le dispositif de commande, un double coin — formé sur la tige — pousse les deux goupilles E vers l'extérieur, et ces goupilles pressent les leviers de serrage contre la surface de friction. Lorsque la tige est déplacée dans la direction opposée, les ressorts poussent les goupilles vers le centre et libèrent les leviers. Un bouchon fileté à l'arrière de la chambre peut être retiré pour régler les goupilles E et ajuster la pression des leviers de serrage selon le besoin.

17. Coupe
montrant les goupilles et la tige à coin.

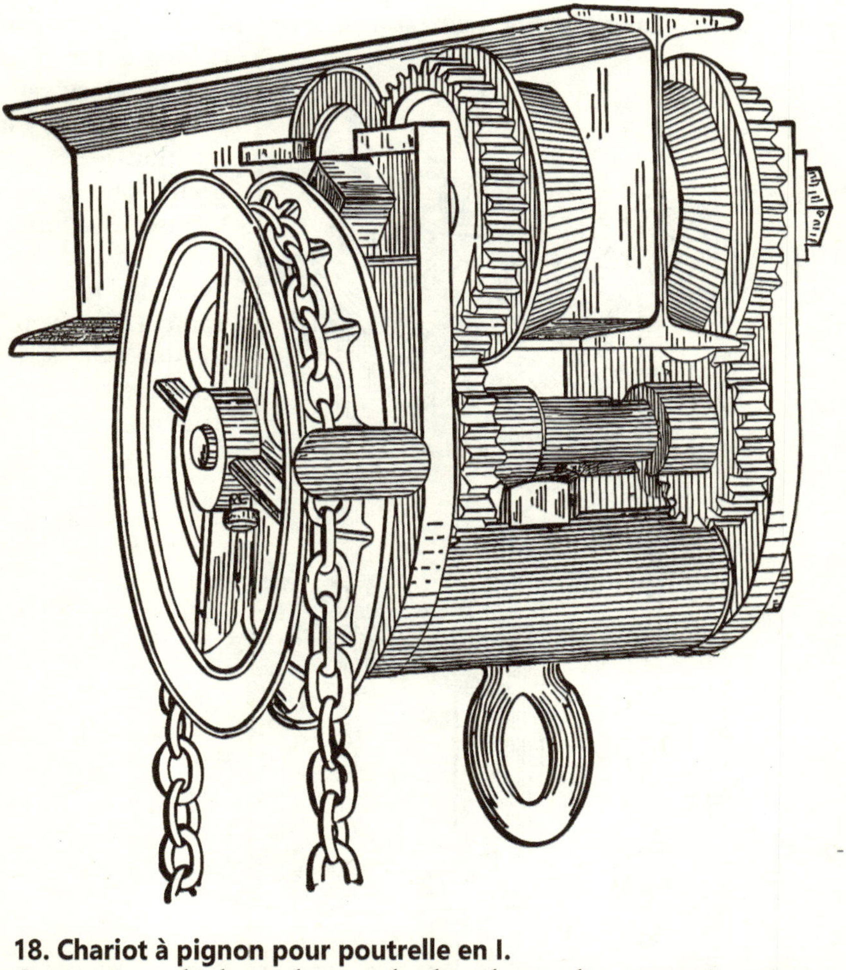

18. Chariot à pignon pour poutrelle en I.
Conçu pour déplacer des articles lourds sur des voies aériennes en poutrelles I dans les usines. Les roues du chariot sont engrenées sur un arbre d'entraînement doté d'une roue à chaîne et d'une chaîne, le système de levage étant un palan ordinaire, non représenté.

19. Variation de puissance et de vitesse
avec poulies à cône de friction et poulie mobile appliquées à une perceuse. Le galet transmetteur est monté sur un cadre qui coulisse le long d'une barre latérale et est bloqué par une vis à la position nécessaire pour obtenir la vitesse souhaitée.

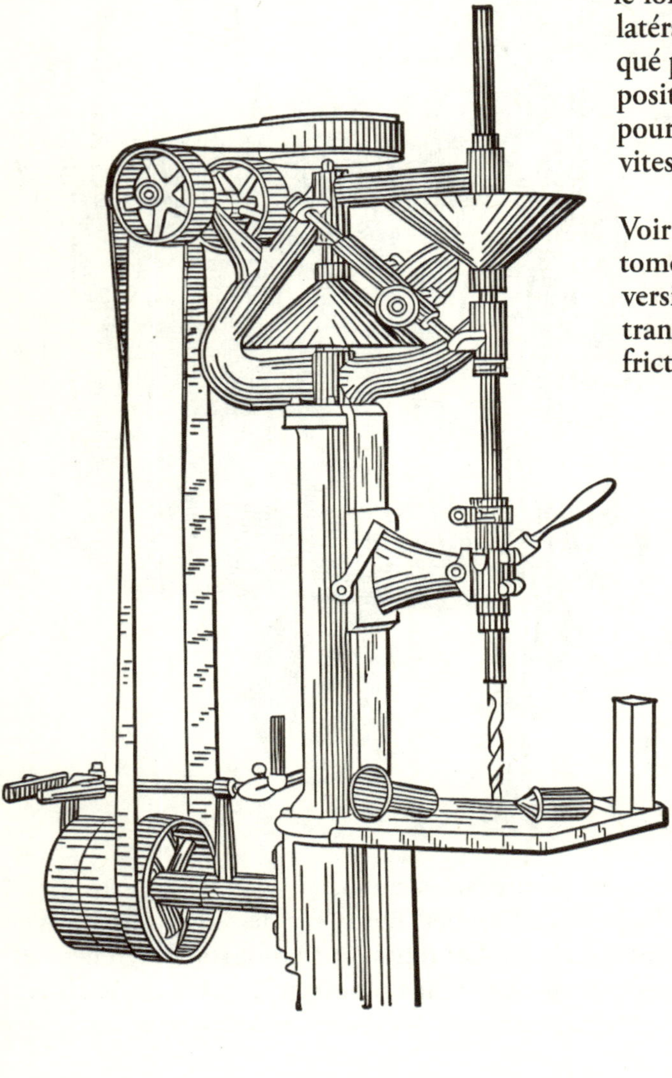

Voir le n° 106, tome 1, pour une version de galet transmetteur sans friction.

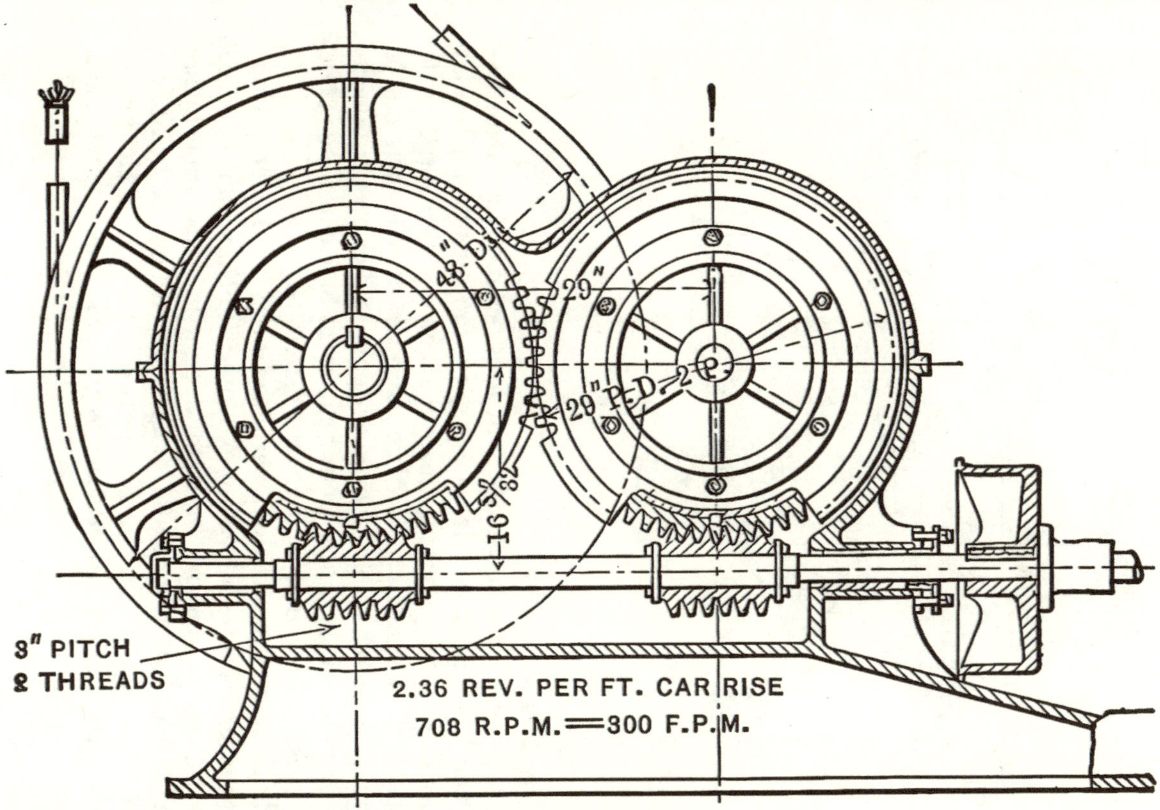

20. Monte-charge à engrenage à vis sans fin (type sprague).
Le double système de vis sans fin et d'engrenage permet d'équilibrer la poussée de l'arbre d'entraînement et sert également de moyen de sécurité en cas de rupture des dents. L'usure des vis sans fin et des engrenages est également considérablement réduite grâce à leur duplication.

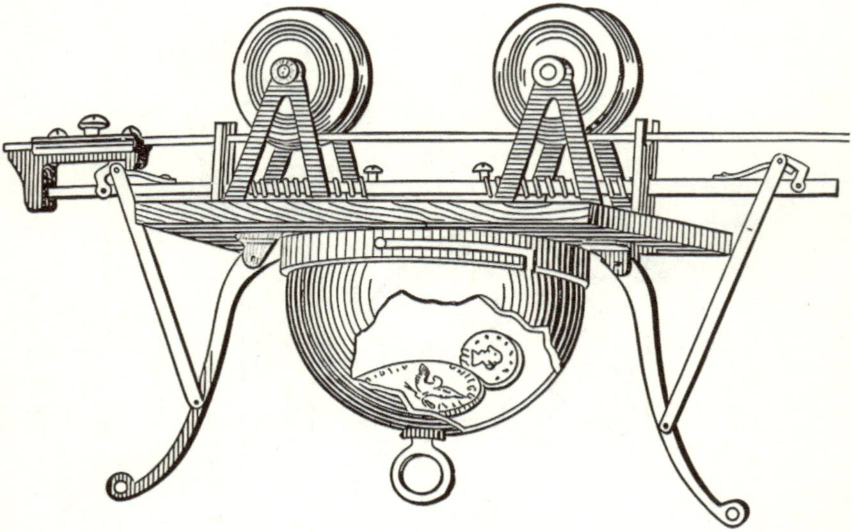

21. Transporteur de fonds.

Sur la face supérieure du chariot sont fixés des montants dans lesquels sont logés les essieux de roues à gorge roulant sur un fil ou un rail aérien. D'autres montants maintiennent une tige sur laquelle sont placés deux ressorts hélicoïdaux, disposés de telle sorte que la tige agit comme un double amortisseur pour le chariot. Chaque extrémité de celle-ci est conçue pour heurter un bloc d'arrêt, deux de ces blocs étant fixés au fil, un à chaque extrémité.
Près de chaque extrémité de la barre se trouve un cliquet, actionné par un ressort qui soulève son extrémité libre afin qu'il s'engage automatiquement avec une butée formée sur le bloc d'arrêt, maintenant ainsi le chariot immobile lorsqu'il atteint l'une ou l'autre extrémité de son trajet. Les cliquets sont désengagés et le chariot est mis en marche au moyen de leviers pivotés sur le châssis et reliés aux cliquets.

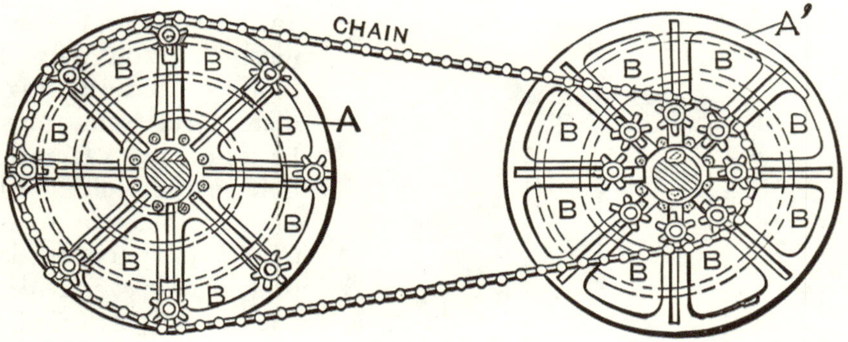

22. Dispositif à vitesse variable.

Les roues A et A' sont chacune composées de deux disques montés sur un arbre et portant entre eux de petits pignons dentés, B B B et B' B' B', qui sont montés sur des embrayages à rouleaux. Les paliers des pignons sont conçus pour se déplacer radialement dans les fentes prévues dans les plaques, de sorte que le diamètre autour duquel la chaîne doit s'enrouler puisse être allongé ou raccourci à volonté.

Si les pignons d'une roue ou d'un tambour sont déplacés radialement vers l'extérieur, ceux du tambour apparié doivent être déplacés vers l'intérieur, et vice versa.

Les pignons sont déplacés radialement au moyen de deux plaques à came pour chaque pignon, dont les fentes en spirale engagent les paliers des pignons et les déplacent de la même manière que les mâchoires d'un mandrin à came sont actionnées. La manière dont les plaques à came sont tournées, pour modifier le diamètre des engrenages menant et menés, est réalisée par le déplacement simultané vers l'intérieur ou l'extérieur de deux crémaillères plates situées dans des fentes découpées dans les arbres des pignons.

23. Poulie à friction.

La bride à gauche est fixée sur l'arbre, tandis que celle à droite est libre. Sur l'extrémité du moyeu de cette dernière bride, des dents sont taillées, les surfaces entre les dents étant hélicoïdales, comme illustré. Le collier fixe à droite est fraisé de manière correspondante. Le ressort fixé à la bride libre et au collier est toujours sous tension et tend à faire tourner la bride dans le sens de déplacement de la courroie. Lorsque la bride tourne sur l'arbre, elle est poussée contre la poulie en mouvement et est alors entraînée par friction jusqu'à ce que la poulie soit serrée entre les deux surfaces de friction. À ce moment-là, la poulie, les brides et l'arbre tournent ensemble.

Pour libérer la poulie, le frein — visible juste en dessous du disque de friction de droite — est appliqué contre la face angulaire de la bride. Cela bloque la bride, mais le collier continue de tourner avec l'arbre, supprimant ainsi la pression axiale sur la friction et libérant la poulie.

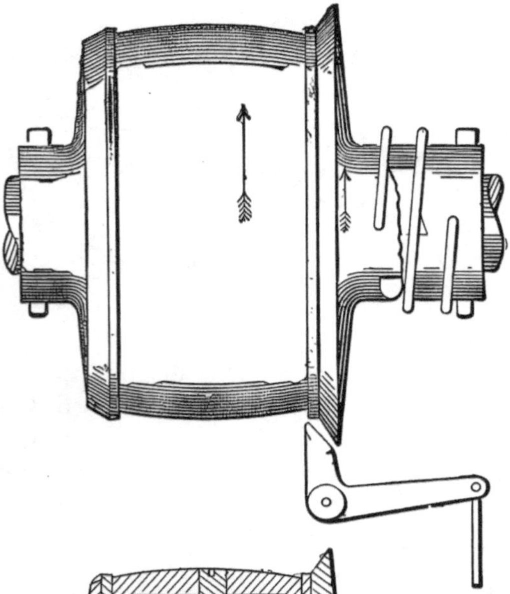

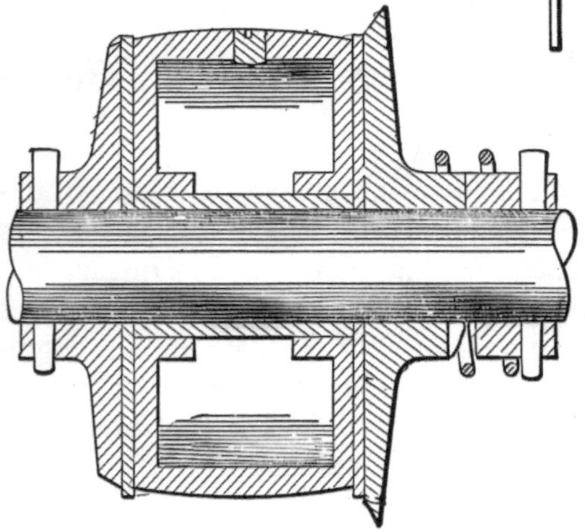

24. Coupe détaillant les détails de construction.

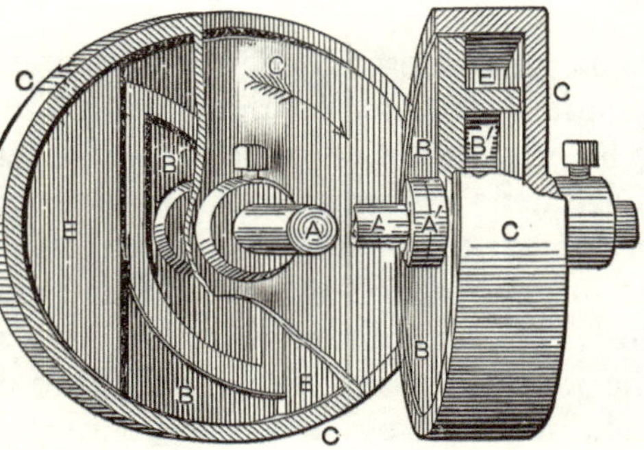

25. Embrayages à disques (type Simpson).
Un embrayage silencieux qui empêche le mouvement en arrière et absorbe le mouvement vers l'avant sans à-coups, contrairement à un système à cliquet et rochet. Utile pour les outils agricoles, les machines à coudre, etc.

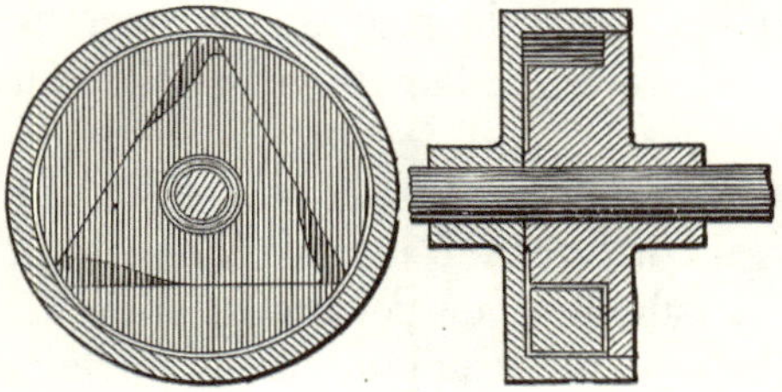

26. La figure au-dessous représente un panneau d'action rapide triangulaire fonctionnant selon le même principe que l'autre, mais appliqué contre trois segments de friction. Vue en plan et en coupe.

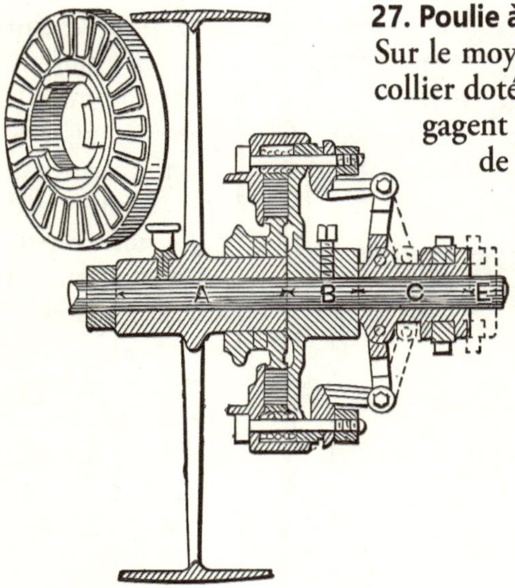

27. Poulie à friction.
Sur le moyeu de la poulie est claveté un collier doté de ergots d'un côté qui s'engagent avec des ergots sur le disque de friction. Cela fait tourner le disque, qui est monté librement sur le moyeu de la poulie, avec celle-ci, tout en laissant le disque libre de vibrer latéralement si nécessaire. L'avantage de cette connexion lâche entre le disque et la poulie sera apprécié si la poulie venait à s'user et à devenir lâche sur l'arbre.

28. Viscosimètre.

Un instrument permettant de mesurer la viscosité des liquides, c'est-à-dire la résistance qu'un liquide oppose à l'écoulement ou à un changement rapide d'état. Le liquide à tester est placé dans un réservoir dans lequel se trouve un agitateur en forme de pale ou de roue. L'arbre de cette roue est entraîné par un train d'engrenages actionné par un tambour, lui-même mis en rotation au moyen d'un poids et d'une corde, comme illustré. À l'extrémité supérieure de l'arbre se trouve une vis sans fin et une roue à vis sans fin, et sur l'arbre de cette dernière est fixé un indicateur qui passe devant un cadran, permettant de déterminer la vitesse de la pale ou de l'agitateur. Le poids est d'abord remonté au moyen de la manivelle située sur le dessus du tambour.

Le liquide est versé dans le réservoir, puis ce dernier est élevé jusqu'au niveau approprié pour immerger correctement la roue à aubes. Le déclencheur situé sur l'arbre de la pale, juste en dessous du cadran, est alors actionné, ce qui permet au tambour et au poids de mettre la roue à aubes en rotation. La viscosité du liquide, par rapport à un autre liquide pris comme référence, est ensuite déterminée en notant les indications de l'indicateur sur le cadran. Le nombre de révolutions de l'indicateur ou le nombre de divisions parcourues en un temps donné, comparé aux relevés obtenus lors du test d'un autre liquide, indique la viscosité relative.

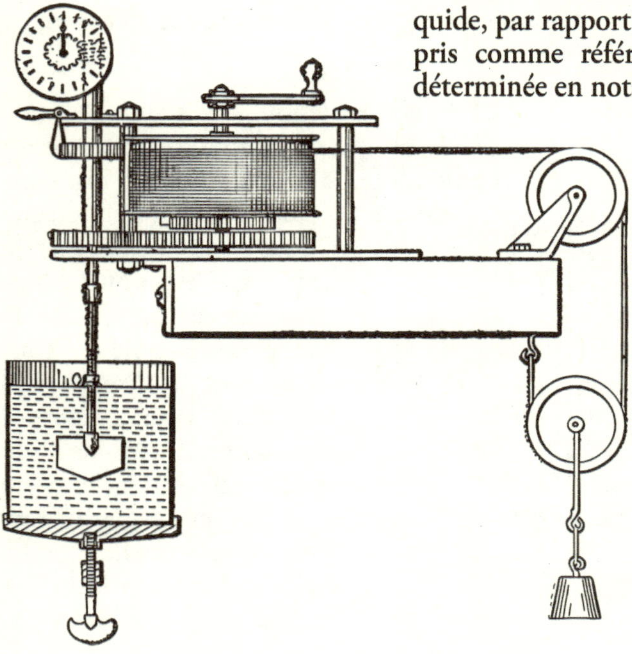

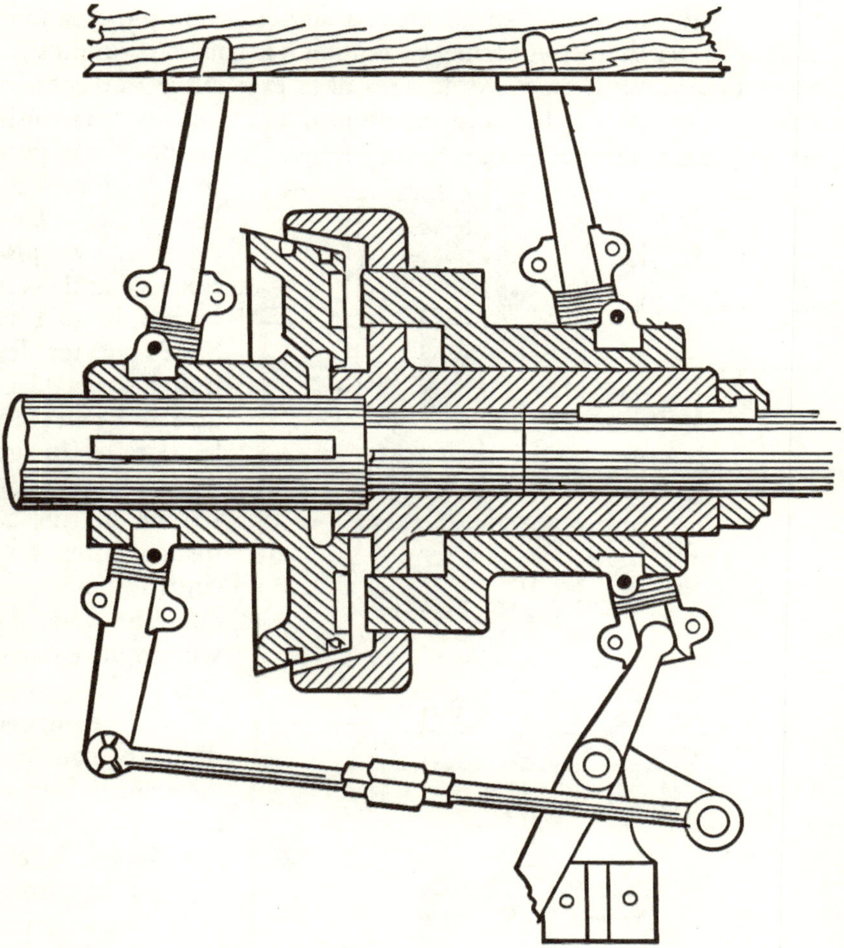

29. Embrayage combiné à engagement positif.
Le premier mouvement de la poignée de l'embrayage met les cônes de friction en contact. Une poussée supplémentaire de la poignée engage les dents de l'embrayage, empêchant ainsi tout glissement des cônes de friction. Le levier coudé sur la poignée maintient l'embrayage verrouillé en position engagée.

30. Déplaceur de courroie pneumatique.

Le dispositif se compose simplement d'un petit vérin pneumatique dont la course du piston permet de donner à la courroie l'impulsion nécessaire. Le vérin est raccordé à ses deux extrémités à un robinet à deux voies, dont le boisseau est muni d'une tige avec une corde en boucle à portée de main de l'opérateur. Une tige, fixée au piston, s'étend vers le bas jusqu'à la barre portant les fourches de décalage — l'air fait le reste. L'image 31 explique l'ensemble du mécanisme pour une courroie ne nécessitant qu'un seul mouvement. Pour les machines équipées d'une courroie de retour, l'agencement montré sur l'image 32 est prévu : le piston et le déplaceur de courroie y sont maintenus en position centrale par deux ressorts hélicoïdaux lorsque les courroies sont sur les poulies folles. Les ressorts sont comprimés et leur résistance est facilement surmontée lorsque l'air est admis aux extrémités opposées du vérin, ce qui permet de placer la courroie soit sur les poulies avant, soit sur les poulies de retour.

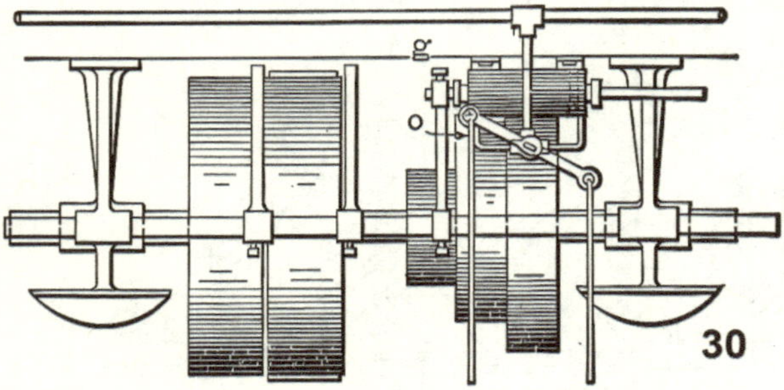

30

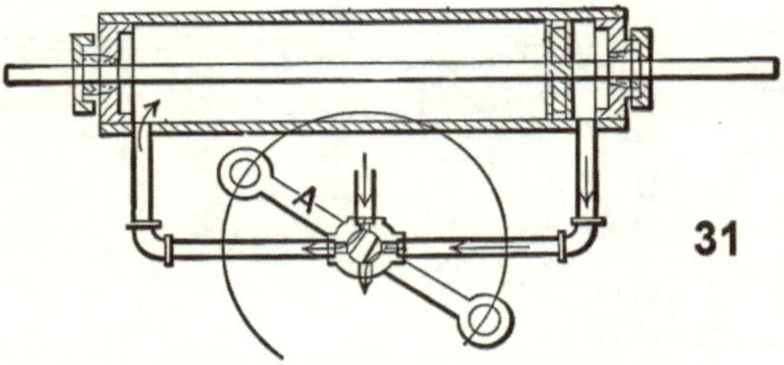

31

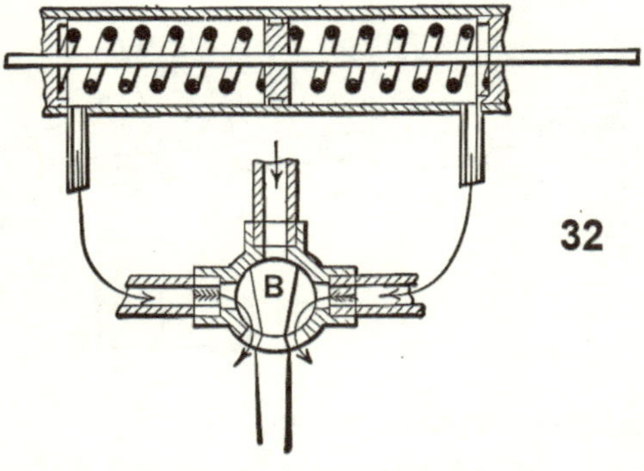

32

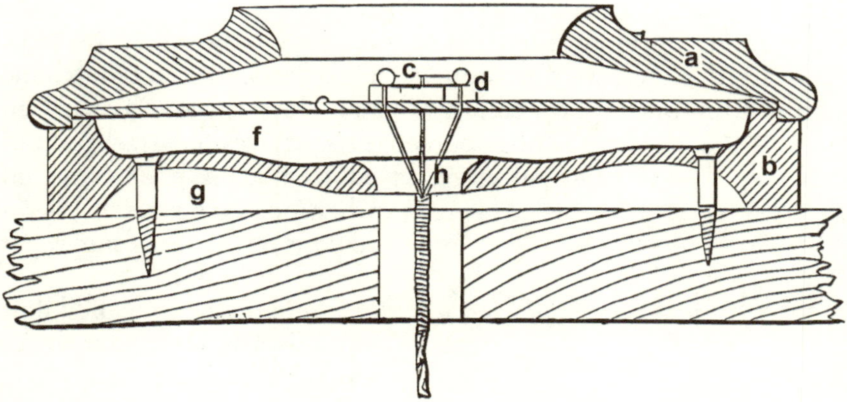

33. Téléphone acoustique.

Le micro (*a*) possède une ouverture centrale permettant le passage des ondes sonores vers le diaphragme (*c*), dont les bords sont fixés dans une feuillure du micro. Le diaphragme, d'un diamètre d'environ 18 cm, est fabriqué en épicéa, un bois alliant une grande résonance et une résistance suffisante pour supporter la tension du fil de ligne. Le micro et le diaphragme sont maintenus contre le mur sur une plaque de support (*b*) par la tension du fil de ligne. La plaque de support (*b*) est évidée des deux côtés (*f* et *g*) et percée en son centre pour permettre le passage des fils reliant le fil de ligne au diaphragme. L'évidement avant (*f*) crée un espace entre le diaphragme et le centre de la plaque de support, favorisant la liberté de mouvement du diaphragme et améliorant la clarté de l'articulation lorsque l'appareil est utilisé comme récepteur. L'évidement arrière (*g*) assure un petit support marginal pour l'émetteur, évitant ainsi un contact trop important avec le mur et réduisant les vibrations excessives. Pour éviter une articulation indistincte et les sons de résonance courants dans les téléphones acoustiques, le fil de ligne est relié au diaphragme par des cordes de soie. Celles-ci sont torsadées autour de l'extrémité du fil pour obtenir une connexion solide, puis se divisent en trois ou plusieurs brins fixés à un anneau métallique (*c*). Entre cet anneau et le diaphragme est interposé un anneau en caoutchouc ou en cuir (*d*). Le fil de ligne est composé de brins torsadés ensemble et enduits de vernis pour les lier et éviter qu'ils ne frottent les uns contre les autres.

34. Téléphone acoustique.

Suspension du fil pour faciliter la transmission du son en réalisant des virages angulaires d'environ 45°, avec des sangles en caoutchouc fixées à un joug en bois comme illustré. De petits amortisseurs en caoutchouc ou en cuir sont fixés ou attachés au fil principal entre les points nodaux pour éviter les vibrations excessives et les variations de tonalité causées par le vent ou la pluie.

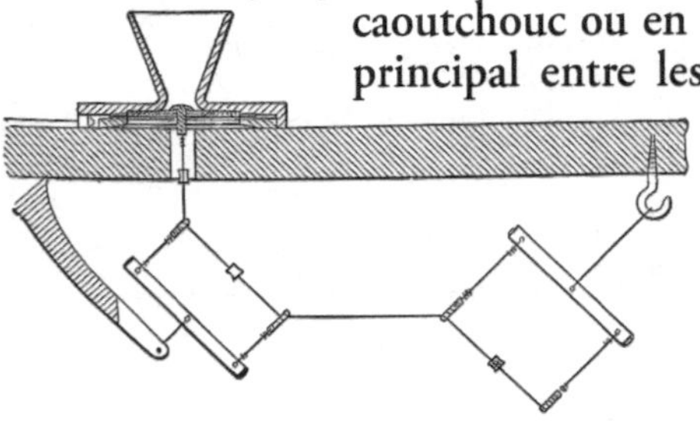

Si le micro est en métal, il doit être mis à la terre pour éviter les étincelles électriques.

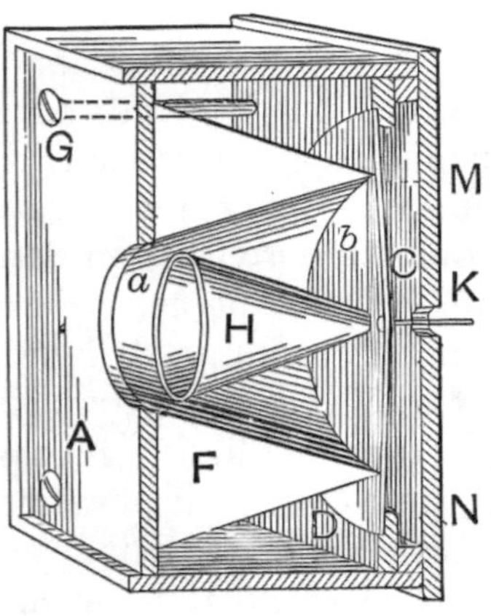

35. Téléphone acoustique.

La planche avant (A) de la caisse est pourvue d'une ouverture centrale. Le diaphragme (*b*) est tendu sur l'ouverture centrale d'une planche (D), qui est renforcée par des nervures sur sa face inférieure et le long des bords. Un bloc annulaire en bois (F), dont l'épaisseur diminue du haut vers le bas, aussi bien sur la face intérieure qu'extérieure, est placé entre la planche avant et le diaphragme. L'ouverture supérieure du bloc coïncide avec l'ouverture centrale de la planche avant, tandis que l'ouverture inférieure est plus petite que celle de la planche (D). Le bord inférieur du bloc est pressé contre le diaphragme par des boulons (G). Dans l'ouverture centrale du bloc se trouve un entonnoir (H), maintenu en place par des fils (*ab*) en haut et en bas, qui maintiennent l'extrémité inférieure de l'entonnoir à une courte distance du diaphragme. Un bouton est fixé au centre du diaphragme, auquel est attaché le fil (K). L'entonnoir concentre les ondes sonores et les guide vers le diaphragme, provoquant ainsi des vibrations fortes et distinctes qui reproduisent les mots de manière très claire. Le diaphragme est composé de couches alternées de cuir et de tissu textile, ou de caoutchouc dur d'environ $1/16$ de pouce d'épaisseur.

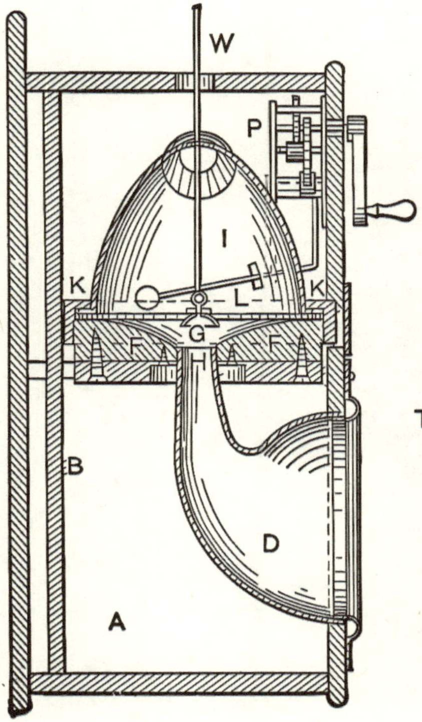

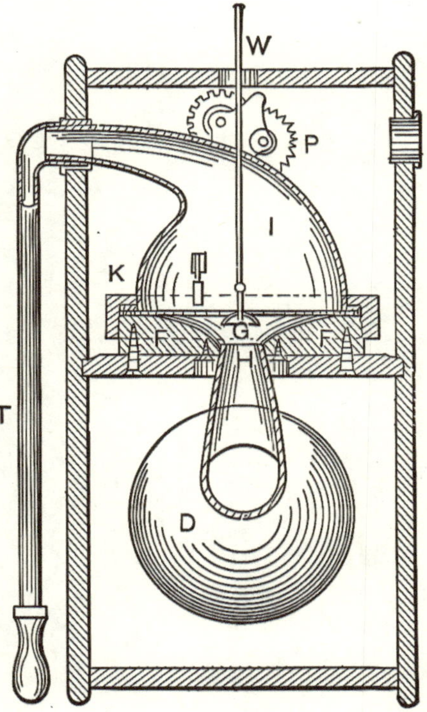

36. Téléphone acoustique.

Les caractéristiques de ce téléphone sont un micro courbé (D), une chambre de vibration (I) avec un tube auriculaire (T) permettant de renvoyer les vibrations à l'oreille sans avoir à bouger la tête pendant la conversation.

Il est également équipé d'un vibreur à engrenage d'horlogerie, qui produit un appel sonore grâce aux coups de marteau sur le diaphragme. Le micro (D) et le résonateur (I) peuvent être fabriqués en métal, en caoutchouc dur, en bois ou en papier-mâché, selon ce qui est le plus pratique, avec un diamètre allant de 7,5 à 12,5 cm.

37. Coupe transversale.

Table des matières

Livre I

Livre II

MÉCANIQUE

www.decoopman.com

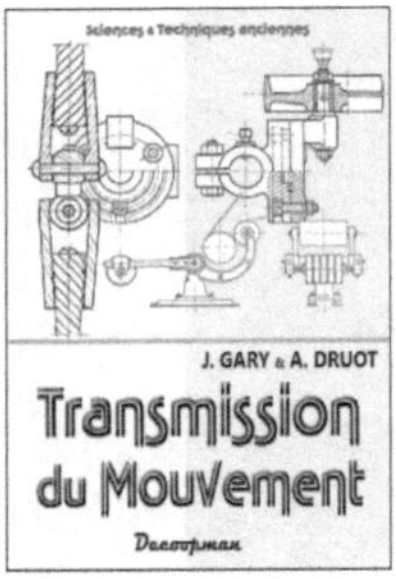

Éditions Decoopman - 286, chemin de Ferrières - 30440 Saint-Laurent-le-Minier
web : www.decoopman.com - e.mail : livres@decoopman.com

MÉCANIQUE

www.decoopman.com

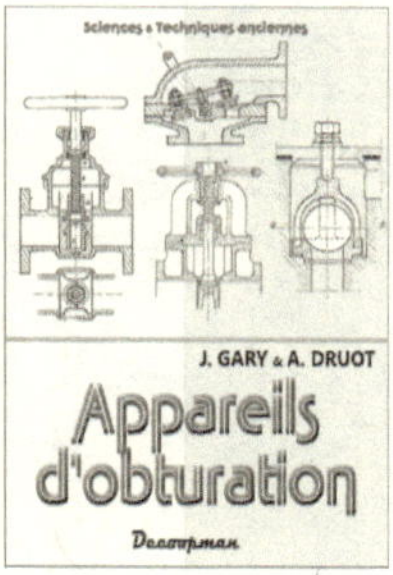

Éditions Decoopman - 286, chemin de Ferrières - 30440 Saint-Laurent-le-Minier
web : www.decoopman.com - e.mail : livres@decoopman.com

MÉCANIQUE

www.decoopman.com

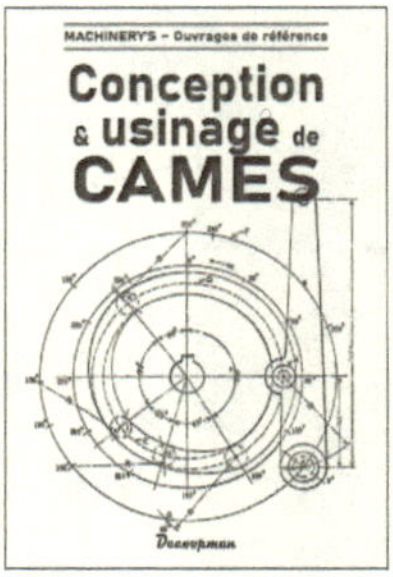

Éditions Decoopman - 286, chemin de Ferrières - 30440 Saint-Laurent-le-Minier
web : www.decoopman.com - e.mail : livres@decoopman.com

Imprimé en France
Lightning Source - 78310 Maurepas

www.ingramcontent.com/pod-product-compliance
Lightning Source LLC
LaVergne TN
LVHW100733061126
851857LV00011B/520